to be new and different

打開一本書
打破思考的框架，
打破想像的極限

二手經濟

SECONDHAND
Travels in the New Global Garage Sale

走訪全球舊貨市場，探索二手產業不爲人知的新面孔

Adam Minter
亞當・明特

羅慕謙——譯

著

獻給克莉絲汀

我把鑽石拿去典當

並不代表它是垃圾

── 李歐納・柯恩（Leonard Cohen），歌手

CONTENTS

前言　捐贈中心物資接收處..011

第一章　清空巢穴...023

第二章　清除雜物...055

第三章　洪流...083

第四章　好東西...111

第五章　斷捨離...139

第六章　我們的倉庫是一間四房公寓.....................................165

第七章　縫線下起毛球了...193

第八章　跟新的一樣好...231

第九章　有足夠多可以賣的東西...261

第十章　它可以用一輩子...275

第十一章　富人用壞的東西...309

第十二章　更多行李箱...343

後記...379

致謝...388

前言

捐贈中心物資接收處

▼

　　在南霍頓街與東格林街交叉路口，有一間善意企業
（Goodwill），在它的捐贈中心外面，有一列排隊等待捐贈的
車陣。現在輪到一輛藍色馬自達 CX7。緩緩走下車的棕髮女
子約莫四十歲，身著黑色瑜珈褲與寬鬆的黃色 T 恤，正拿著
iPhone 通話。後面還有三輛汽車跟兩輛皮卡車在等待，但是
她不慌不忙。「把冷凍的晚餐放進微波爐裡熱兩分鐘。」她
一邊說，一邊慢條斯理地從駕駛座走到另一側的後座車門。
「對，兩分鐘。」她重複了一遍，並且緩慢地打開車門。

　　女子身邊站著一位接待人員。他是五十七歲的麥可・
梅勒斯。他彎身探進後座，拉出一個看來塞滿了衣服的白色
垃圾袋，放到一台雙層灰色小推車的上層，緊接著又彎身探
進更深處，拉出一個燙衣板跟一對塑膠鹿角。「謝謝您的捐
贈。」他說。

　　女子放下手機，音量也降低了。「今天在賽拉莫拉多
有個社區庭院拍賣會，」她意有所指地微笑，彷彿在提供

什麼內幕消息，「天氣越來越熱，大家就想『管他的，不賣了』，所以大家都跑來了。」說完這句話，她回到車上，駛離了捐贈中心。

此刻是星期六早上十一點，土桑市炎熱的天氣讓梅勒斯汗流浹背。但是他沒有時間躲進捐贈中心有冷氣的倉庫裡。捐贈的民眾正在排隊等候著。接下來是一台 KIA Sorento，後座堆滿了垃圾袋。駕駛座上的年輕女子降下車窗、打開門鎖，但是沒有下車。

「庭院拍賣？」麥可問道。他打開車門，開始把一個個的袋子丟到小推車上。

「賽拉莫拉多那裡。」

「很好。」他拖出六袋衣服，一個 Ogio 牌高爾夫球桿袋，裡面還有兩枝推桿，一堆 2014 年世界盃足球賽的紀念杯，一個小喇叭大小的角狀瓷杯，一台破舊的百靈牌咖啡機，四個炒鍋，至少十袋的聚會賓客小禮物，每個都用亮麗的桃紅色標籤標價為 25 美分。麥克拿出角狀瓷杯時在手中端詳了一番。「謝謝您的捐贈！」他說，接著關上車門。

三個小時前，捐贈中心還沒開門，麥可告訴我，土桑市民眾在車庫拍賣上沒賣掉又不想留下的東西，最後都會送來善意企業。這件事每個星期都在上演，土桑市來來往往的軍

人家庭與退休軍人更是加劇了這個現象。搬來的時候，他們需要東西，到了離開的時候，卻沒辦法帶走所有東西。

　　KIA Sorento 開走了，一台黑色的福特大皮卡車駛近，後面載著一張破爛的沙發。我經過捐贈中心的物資接收處，走進寬敞的倉庫。倉庫裡的工作人員正忙著處理洪流般湧入的捐贈物。四位女性在遠處整理一箱箱的衣服，兩個年輕男性在物資接收處不遠的地方整理成堆的電器用品。一位主管從衣服區大步走過來，敦促梅勒斯加快速度。

　　1967 ～ 2017 年，美國人每年花在買東西（從沙發到手機）的支出，增加了將近二十倍。在這些東西當中，有些將成為珍貴的傳家之寶，傳給未來世代；有些會被埋在垃圾掩埋場，在焚化爐裡被燒為灰燼，或是在極少數狀況下，被回收再製成新的產品與新的傳家之寶；有些則會被保留下來，收在地下室、櫃子、閣樓、車庫與儲存倉庫裡。實際的比例我們不得而知，但是有些許數據存在。比如說，2006 年對洛杉磯中產階級住家的研究顯示，90％的車庫空間是用來存放東西的，而非停放汽車。[1]

1　Arnold, Jeanne F., Anthony P. Graesch, Enzo Ragazzini, and Elinor Ochs. Life at Home in the Twenty-First Century: 32 Families Open Their Doors. Los Angeles: Cotsen Institute of Archaeology Press, 2012.

　　愛買東西的不只有美國人，但是美國人獨一無二之處，在於有非常多空間來存放東西。這是其他國家的人夢寐以求的奢華條件。比如說，日本人跟任何開著 CX7 的土桑居民一樣，都很熱愛購物，但是日本人的房子小多了，為了騰出空間放新東西，許多人會清東西。他們的做法沒什麼獨特之處，但是數百萬渴望把家裡收納得整整齊齊的美國人，已經開始接受日本整理諮詢顧問近藤麻理惠所謂的「怦然心動整理法」。這是個很誘人的系統：只留下會讓你開心的東西，其他的東西全丟掉。但是這也留下一個基本而迫切的問題：那些你不再感到怦然心動的東西，最後會流落到哪裡？

　　2014 年出版第一本書《一噸垃圾值多少錢》（*Junkyard Planet*）後，我第一次開始思考這個問題。書中我跟隨美國的可回收物，像是硬紙板、聖誕燈飾與報廢的汽車，一路去到世界各地，其中最主要是到中國，然後得出結論：如果你丟到回收箱裡的東西多少還有用，跨越全球的廢棄物回收事業會設法將之運送到最能從中受益的個人或公司。

　　之後，很快就有不少讀者與我分享他們自己如何廢物利用。有些人圖文並茂地描繪他們用電路板和投影機的透鏡等廢棄的電子設備製成的藝術品；有些人詳細描述他們如何整修家具與住家；有些則是告訴我他們用自己在家修好的電腦

與手機寫下了訊息。此外，我還很幸運地收到很多很多讀者邀請我去參觀他們的跳蚤市場、慈善商店與古董店。

隨著讀者寄來的描述與邀請越來越多，我開始感到左右為難。有人喜歡我的書是很好，但是我的讀者所描述的東西不是我在《一噸垃圾值多少錢》中提到的東西，像是巨大、幾層樓高的汽車廢件，也不是像我家中移民來的曾祖父那樣，藉著收集和購買鄰居不要的廢棄物，然後賣給更大型的廢棄物回收業者來謀生的舊貨商。我盡了最大努力，但就連最熱忱的讀者們（根據他們寄來的信件判斷）也依然把「回收」理解為「再利用」。

這也情有可原。對大多數住在富裕國家的人來說，回收的過程止步於他們把廢棄物丟進回收箱的那一刻。接下來高度工業化的過程，則屬於一個不為人知的圈子。相較之下，購買與販賣二手商品則是非常私人的過程。每個人都可以舉辦車庫拍賣、在 eBay 上清空衣櫃，或是造訪跳蚤市場。再利用與再出售讓消費者難得而具體地感受到自己的東西獲得了新的生命。

《一噸垃圾值多少錢》出版兩週後，我的母親意外去世了。就跟許多美國人的父母一樣，我的母親也累積了一生的

東西，於是我的姊姊跟我面臨著這個令人不安的問題：怎麼處理母親的東西？從感性的角度來看，恐怕什麼東西都不能丟，就怕哪個東西是母親生前珍視的寶物。從理性的角度來看，我們兩人都沒那麼多空間存放那麼多東西。我的姊姊一家住在紐約市一間兩房合作公寓，我跟妻子當時則在上海租有一間一房公寓。

我們所面臨的問題並不罕見。在全世界各地，如何處理已故之人的遺物，已逐漸成為哀悼過程的一部分，跟葬禮一樣重要。然而，那麼多的遺物，子女又都住在別的地方，要由誰來清理這些物品？

我母親的遺物最後大多捐給了善意企業。我承認，把她的瓷製餐具交給捐贈中心的接待人員後，我就完全不曉得那套餐具最後的下場。但是我深深相信，就跟我在《一噸垃圾值多少錢》中提到的回收金屬一樣，我母親的舊物還會被**再次使用**，而非被拿去掩埋、焚化或回收。我之所以開始寫這本書，有一部分就是想確定自己的直覺沒錯。

不過實際的情況比我預期的要困難。身為財經記者，我習慣去查核政府、公司與貿易組織所收集的資料來證實我的猜測與假設。想知道過去十年從中國進口到盧森堡的聖誕燈飾總共有多重？這個數字可以查到。同樣的，多虧不斷成

長與愈加專業的環保運動，富裕國家裡丟棄與回收了什麼東西，也有詳細的資料。想用圖表表示美國人從 2003 年到 2013 年丟掉了多少家具？這個圖表也可以畫出來。

於是，我搜尋了二手商品是否也存在類似的資料。二手車相關的數據既豐富又精確，只要你不是在找開發中國家之間有多少二手車跨越國界（在這一刻很多二手車似乎就憑空消失了）。但是除了二手車外，數據就模糊不清。比如說，沒有人記錄有多少衣服從衣櫃被拿到二手義賣，沒有人知道有多少件家具從大學宿舍被搬到善意企業的捐贈中心，也沒有政府機構列出甚或估算美國境內每年舉辦了多少場車庫拍賣，以及它們所帶來的收入。這問題不只局限在美國。全球二手商品貿易正在蓬勃發展，但是相關的數據寥寥無幾。比如說，開發中國家之間龐大的二手商品貿易，幾乎沒有相關的資料，尤其是在非洲，儘管對非洲的消費者來說，進口的二手商品是日常生活中無所不在的必需品。

幸好，缺乏數據並不表示無法追蹤。沒有資料可以找，身為記者，我必須親自前往二手商品被收集、購買、改造、修理、販賣的地方。這可能包含觀察某個人為一件 T 恤拍照，然後刊登到 Facebook、eBay 或 Poshmark 上。或是跟隨一個專門購買二手筆記型電腦的迦納人，從美國一路到迦納北

部他販賣這些筆記型電腦的城市。

　　兩者都是很簡單的行動，但是突顯了一個經常被人忽視的事實：二手商品為全世界數十億人口提供了衣著、教育與娛樂，而且其中所使用到的能源與原料都比製造新產品所需要的少更多。然而，許多政府傾向於專注新產品的價值，至於個人與企業之間交換二手商品所產生的價值，除了本身在從事購買、販賣與運輸二手商品的二手商，通常沒人會去關注。

　　這本書旨在揭示這個價值，並將其歸位到地球上每個人日常生活的中心。這並不容易。就如同沒有一本書能夠完整呈現新商品貿易所涵蓋的地理範圍與經濟規模，這本書也不可能完整呈現所有二手商品。我會盡可能廣泛地提及不同物品，尤其是在前幾章，但是最後我會把焦點放在人們生活中越積越多的衣服與電器產品。兩者都是今日全球價值最高與交易最多的二手商品，也擁有最耐人尋味（恐怕也最令人擔憂）的未來。

　　多虧工業革命以來在大量生產與行銷手法上的創新，這世界比過去任何時刻都充滿更多東西。大多數時候這是一種幸福，但並不總是如此。隨著我在二手商品的世界中穿梭，

這些沒人想要的東西規模之龐大，總是一次又一次壓得我喘不過氣來。在土桑市，捐贈給善意企業的東西只有三分之一會在慈善商店中賣掉。畢竟，誰會買一對舊的塑膠鹿角（誰又會買新的）？一張破爛的沙發？一件起毛球的 T 恤？

洪流正在漲高。二十年前，中國還是二手服飾的主要進口國家；現在，它是主要的出口國家，以龐大的產量拉低了全球二手服飾的價格以及二手服飾產業的經濟效益。不過，不只有中國在轉向新的商品。隨著開發中國家日益富有，越來越多的消費者也更常購買新的商品。富裕國家中注重永續與支持二手的消費者，數目就是不足以彌補全球在二手商品需求上的下降。

這種失衡狀況所帶來的結果，就是沒人想要的東西堆積如山。

根據世界銀行 2018 年的研究，如果照今日的步調走下去，到了 2050 年，人類製造垃圾的速度就會超越人口成長速度的兩倍。[2] 而製造垃圾的地方主要會集中在亞洲與非洲的開發中國家，這兩個區域都亟欲達到美國式的消費型經濟。

2　Kaza, Slipa, Lisa Yao, Perinaz Bhada-Tata, and Frank Van Woerden. What a Waste 2.0: A Global Snapshot of Solid Waste Management to 2050. Urban Development Series. Washington, D.C.: World Bank, 2018.

　　我們不用自欺欺人：這樣的成長勢必會對環境帶來負面的影響，儘管消費型經濟也會為數十億人口帶來實質的益處，包括更好的健康與教育。一個富裕的美國極簡主義者無論對於消費主義能講出多少大道理，都不可能改變一個開發中國家青少年的心態，畢竟他唯一體驗過的極簡生活不是出於自身的意願。

　　不過令人欣慰的是，我們的討論不需要止步於此。社會問題有社會方面的解決方式，已經存在的二手產業就是一種方法，該產業向全世界數十億人供應各種商品。在本書的最後幾章，我會證明這個關鍵的產業所面臨的危機並非東西的數量，而是品質。如果製造商與消費者願意採取幾個簡單的步驟，鼓勵廠商製造更耐用、更容易修理的產品，就能大大確保二手商品交易在未來幾十年繼續蓬勃發展。我們不需要一個大革命。許多大大小小的廠商早已在製造更耐用的產品，因為越來越多的消費者有此需求。我會描述幾間這樣的廠商，並展示他們的做法如何創造出二手產業的未來。

　　談到二手產業的未來，品質並不是唯一障礙，反全球化也會阻礙物品的再利用。然而，二手商品貿易中最嚴重的障礙不是關稅與禁止進口。二手商品貿易中最棘手的障礙是偏見，這種偏見阻止富裕國家的人民把自己不要的東西販賣、

運送到開發中國家。在本書中，我會探討這種偏見的起源與衝擊，包括這個偏見如何被推廣，以及我們如何與為何應該摒棄這個偏見。沒有任何的二手經濟能夠排除開發中國家，已開發國家的富裕消費者必須接受這個事實。

　　如果我的書寫得算成功，讀者讀完後應該能更加了解，自己購買的商品在丟棄後會如何影響全球經濟、自然環境，還有自己的衣櫃與地下室。幸運的話，你更能猜想到麥可搬進捐贈中心的那幾袋衣服與那張破沙發最後會（或是不會）遭遇什麼樣的命運。也許你還會改變購買東西的動機與方式，以免將來留下一個爛攤子給別人收拾。

　　就跟大多數美國人一樣，多年來我也累積了不少東西。為這本書進行研究幫助我捨棄了某些東西。我無法保證本書的讀者也會有同樣的經歷，但是你們會發現一個令人大開眼界的世界，在那裡，舊的東西一次又一次得到新生；從廢棄物中獲利的渴望，時時刻刻都在各個角落創造出新的事物與謀生方式。探索那個世界的過程，就好比一場尋寶遊戲，人人都可以參與。

第一章

清空巢穴

▼

　　169 號公路由北向南穿越明尼阿波利斯西區富裕的市郊。用來隔絕噪音的褐色高牆遮住了大部分的住宅區，但是路上不時可以看到成排的迷你倉庫。米色似乎是最受喜愛的顏色，而在明尼蘇達州乾燥的秋季，公路兩旁的灌木都轉為褐色後，這些倉庫幾乎難以看清。

　　每個人都知道這些倉庫可以租借，也知道這些倉庫為什麼會建造。美國人需要越來越多的空間來存放東西，因此每年都會新增成千上百間迷你倉庫。自 2017 年，美國至少有五萬四千個迷你倉庫場，所包含的儲存空間相當於整個加州棕櫚泉市的面積（包括所有高爾夫球場在內）。最近幾年，此產業的年收益是好萊塢的三倍。

　　這個產業的利潤未來許多年仍會居高不下。在這個以品牌包裝個人身分的時代，美國人傾向把東西保留得更久，有時候珍視這些東西的程度還超過珍視自己的程度。位於 169

號公路旁的頂尖迷你倉庫公司（Ace Mini Storage）[3]，對一平方英尺無暖氣的儲存空間所索取的費用，超過周邊住宅區許多套房一平方英尺的價格。

　　某個清爽的秋日，我踏進頂尖迷你倉庫公司的辦公室，詢問租賃價格與可租用的空間。辦事人員拿起一張表格，瞇起眼看。外面，一輛皮卡車正駛進停車場，後面堆滿了家具，一盞燈從旁邊斜吊出來。「我們過幾天可能會有空出來的倉庫。」辦事人員說道，同時把一張名片推向我。「十乘四十英尺的空間。」

　　原來這間可能會空出來的倉庫，正是雪倫・凱德此刻把車停在外面的原因。她是空巢清理公司（Empty the Nest）的客戶經理。空巢清理是一間成立八年的本地企業，專門為人清空房屋。

　　人們清空房屋的原因各不相同，其中最典型的就是搬家與死亡。這個產業正在蓬勃發展：到了 2030 年，美國的老年人就會達到美國總人口的五分之一。在這些老年人當中，有些人會想繼續住在獨門獨戶、裝滿東西的大房子裡；但也有許多人會出於自身意願或他人的決定，搬到更小的公寓；

3　現已更名為「倉儲市集」(StorageMart)。

有些則去世了，把清理他們一生所累積的物品的重責大任留給他人。

許多企業或個人把房屋清空後，都是將能賣出去的東西挑出來，剩下的全載去垃圾場丟棄。但是空巢清理公司的特別之處，就在於它承諾會竭盡所能替每樣東西找到再利用與再出售的市場，不會輕易放棄任何物品。空巢清理公司有自己的慈善商店，無法在店裡賣的東西會捐贈給其他機構，讓它們再碰碰運氣。

雪倫下車時，一陣涼風吹來，拂亂她黑色的風衣與齊肩的頭髮。「我們正在替這個人清空兩間倉庫，他的母親在裡面堆滿了各式各樣的收藏品。」我們走向停在另一端的一輛大卡車時她說。「看看她留下了多少東西，實在很不可思議。我覺得她以前可能有一間店。」

一輛卡車停在兩間倉庫前，兩間倉庫的門都已拉起。三位工作人員正在把一個個的箱子從倉庫裡傳到卡車上，再把箱子在卡車上疊得整整齊齊。站在一旁默默觀看的是婦人的兒子。他是一位退休的汽車維修師，只要不過問他的名字，他很樂意跟我交談。「這兩間都是我母親的倉庫。她以前有一間家居飾品店。不是古董，都是些收藏品。」

位於明尼蘇達州普利茅斯的前頂尖迷你倉庫公司，擁有 753 間供顧客儲物的個人倉庫。

　　第一間倉庫裡擺著幾十個的箱子，全用黑色馬克筆標示著「豆豆娃」（Beanie Babies）[4]。我翻開其中一個箱子，看到裡面裝滿了五顏六色的玩偶。「我上 Craigslist 分類廣告網站查過了，」汽車維修師告訴我，「一個賣 3 美元，但是沒有人買。」

　　雪倫朝卡車看了一眼，車子已經裝了三分之一滿，然後她看向另一間較大的倉庫，擔心卡車上的空間不夠。不過，工作人員向她保證會處理好一切。

4　編注：又稱「豆豆公仔」，是一種用豆狀 PVC 材料作為填充物的絨毛玩具。

　　我對此感到懷疑。那間較大的倉庫前面都是展示櫃，後面則是滿滿未拆封的收藏品。汽車維修師的母親似乎特別喜歡 Department 56 的迷你陶瓷聖誕村，而光是這樣的迷你聖誕村，恐怕就有一百個。隨著工作人員深入倉庫內部，我們發現她還特別鍾愛 Consummate Collection 的限量版瓷娃娃。「我真搞不懂她在想什麼，淨買這些東西，是打算留給我們嗎？她還在開店的時候，我根本不記得有這些娃娃。」他拿起一個未拆封的盒子，喃喃自語道：「中國製造。」

　　我小心翼翼地走進較大的倉庫。地板上擺著一組未拆封的六罐裝可口可樂，罐子上印著聖誕老人的圖案與「1996 年聖誕節」的字樣。我轉頭問汽車維修師：「她這兩間倉庫租多久了？」

　　「2006 或 2007 年租的，」他回答道，「我們每個月總共要繳租金 500 多美元。」

　　「這可樂已經有二十一年了。」

　　他搖搖頭。「我媽房子裡已經擺滿東西了，所以她就放到這裡來。我有時會想她是不是太誇張。這些東西通常都是用刷卡分期的方式買的，要繳利息的。」我們退後幾步，看著空巢清理公司的工作人員把瓷娃娃的盒子井然有序地堆到卡車上。「你知道嗎？」他說，「我跟我老婆已經決定了，絕

對不要留下這種爛攤子給我們的小孩。」

　　大多數美國人家裡的東西，除了把它們買下的人自身的情感，並沒有多少價值。浴室裡的東西，從牙刷到肥皂，都無法再使用。廚房用品通常已經很舊，只能當成廢金屬回收。過時的 CD、DVD、書籍、影音設備通常沒有價值，除非是相當罕見、狀況極佳，或是有人在收藏。如果不是珍貴的古董，家具的市場也越來越小，尤其是宜家家具。穿過的衣服，除非是知名昂貴的品牌，否則通常根本無法跟在開發中國家的工廠大量生產的低成本新衣服競爭。電子產品，從筆記型電腦到手機，也很快就失去價值（至少對每個季度就要更新產品的消費者來說，情況就是如此）。

　　沒有多少美國人比雪倫・凱德更清楚這一點。在空巢清理公司工作的六年以來，她已經為潛在客戶與實際客戶拍攝了上千張房屋清理前的照片。這些隨手拍下的照片很大程度上是前所未見的美國消費檔案。它們被謹慎地存在 Dropbox中，可以透過她隨身攜帶的 iPad 存取。我和雪倫待在 169號公路旁的馴鹿咖啡店時，她把 iPad 放在桌子上左手邊的位置。當她要查看一則訊息時，我注意到她的收件匣裡有25,322 封郵件。

「好，我們來找張好照片。」她打開一個資料夾，裡面又有上百個資料夾，每一個都以地址標記。大部分的資料夾裡存了 25 ～ 35 張照片，都是潛在客戶或實際客戶家中堆滿的東西。對雪倫來說，這些照片有兩個功能。首先，這有助於決定清空房屋的報價。勞工與清運卡車都是費用，而照片上的東西再出售的潛在價值可以抵扣費用。再來，這有助於工作人員規劃清空的過程，畢竟有時候清空的程序可能會長達好幾天。

「這個很好。」雪倫說，她打開一個資料夾，裡面是雙子城北部一間房子的照片。「一棟錯層式的房子。」她補充道，同時把身體往前傾。「從外觀根本看不出什麼來。」她快速往下滑，滑過一間臥室的照片，裡面擺滿了書，再來是一張餐桌的照片，上面堆滿了活頁夾，然後停在一張照片，照片中可看到上百捲錄影帶，不是堆在書櫃上、桌子上，就是收在打開的箱子裡。她放大照片。「全都是自己錄的。」她邊說邊指向錄影帶上手寫的標題，然後又把照片縮小，指向成排的三孔活頁夾。「我猜他把錄影帶都分類了。這個人非常深情，這也是棟充滿感情的房子。」

「這些東西有任何價值嗎？」

她往後靠，雙臂交叉在印有空巢清理公司字樣的黑色 T

恤前。「自己錄的錄影帶，沒有價值。」雪倫停頓一下。在競爭日益激烈的清屋產業中，「再利用」是空巢清理公司獨有的特色。「很多人都認為『自己的東西不會被浪費掉』比打包花瓶更重要。」

　　為什麼這一點這麼重要，是個很複雜的問題。已經清空過上百間房子的雪倫，見識過客戶有多麼無法捨棄這些東西。「昨天我們清了一間房子，然後稍晚客戶的妹妹打電話來，說他（客戶）凌晨四點鐘去世了。」她把雙手往上攤開。「我也不知道……但這是巧合嗎？」

　　歷史上，個人的身分往往圍繞著宗教、公民參與和對居住地（往往是小地方）的自豪感。但是隨著工業化、城市化與世俗化，這些傳統的連結逐漸瓦解，品牌與物品成為我們塑造與展現個人身分的方式：使用 iPhone 的人與使用 Android 的人「思考方式不同」；深受學術界自由主義者喜愛的 Volvo 旅行車，不太可能在深受保守主義者喜愛的速食連鎖店 Chick-fil-A 的得來速車道前看到。[5] 大大小小的消費行為塑造出我們的個人身分（只要問 Google 或 Facebook 就知道了，畢竟他們非常積極地在網路上追蹤消費者的身分）。而

5　Epstein, Reid J. "Liberals Eat Here. Conservatives Eat There." Wall Street Journal, May 2, 2014. https://www.wsj.com/articles/BL-WB-45147.

對許多美國人來說，家裡堆放的東西代表個人細心打造的完整身分。

　　就跟新興產業中的大多數人一樣，雪倫‧凱德並不是一開始就想在這個行業中發展她的事業。她在明尼阿波利斯一個中產階級家庭中長大，然後上了大學，事業生涯中大多時間都在為美國聯合勸募（United Way）這樣的大型慈善機構工作。然後，2000 年代末期，她的父親去世了，她與家人僱用一間公司，協助她母親搬到一間更小的房子。那間搬家公司的經理後來於 2011 年創辦了空巢清理公司。沒過多久，雪倫在健身房巧遇這位經理，稍後便在網路上查看這位經理新創的公司在做什麼。「從人道的立場來看，我覺得它的做法再合理不過了。」她敘述自己第一次在網路上看到空巢清理公司時的感想。 2013 年，雪倫加入空巢清理公司，擔任搬家工人。之後她開始拜訪老人住宅社區，為空巢清理公司的服務做宣傳。

　　除了創造利潤，空巢清理公司還創造知識。雪倫打開另外一個資料夾，點選一張照片。照片上是一間凌亂的地下室，正中央擺著一台跑步機。「健身器材沒有價值。」她說，然後又點選另一張照片，上面可看到一層層的書架上堆滿了雜誌，有些書背都泛黃了。「地下室的書架上全是《國家地

理雜誌》。」她嘆口氣。「屋主以為這些雜誌很值錢。」稍後她又談到另外一個常見的惱人物品:沙發床。「沒人想用舊的,搬動起來又危險,根本賣不掉。」

雪倫非常清楚,跟我談論她在工作中的困難,會讓人感覺每一次清理都像在演一集《囤積狂》(*Hoarders*)。《囤積狂》是美國熱門的實境秀,節目中的人總是忍不住囤積物品,卻從來不扔東西。「不是每個住家或每次搬家都那麼誇張。」她提醒我。「大多數都不是。」儘管如此,空巢清理公司的每一位客戶都有一樣的感覺:擁有的東西多過自己能夠處理的能力。

離開前,我問雪倫這份工作有沒有對她個人造成任何影響。「物質方面來說,沒有,我家也堆滿了東西。但是個人方面來說,我意識到人生短暫。」

一個人抵達生命終點時,擁有的東西比自己能夠處理的還要多,這個現象是最近才出現的。在人類歷史上,年老的公民往往是社會上最貧困的一群,不會留下多少物質。但是到了 20 世紀中葉,隨著社會的變動,這個狀態也改變了。多虧了更大的房子(美國的住屋空間自 1950 年代以來增加了兩倍多)、穩固的社會安全網絡以及更長的壽命,美國人

比歷史上任何一個國家的人更有機會在更長的時間內獲取更多的東西。

這很大程度上是好事，人們的生活品質從來沒有這麼好過，但是到頭來，東西會耗損，人也會衰老。

1987 年，來自明尼蘇達州伊代納近郊的梅塞迪斯‧根德森協助她的母親（連同她的東西）從威斯康辛小鎮住了一輩子的家搬到雙子城。根德森年邁的母親在人生最後七年中搬了四次家，那是其中一次。在幾次搬家中所感受到的壓力令根德森印象深刻，於是 1990 年，她創辦了應該是美國第一間專門協助老年人搬家的和緩過渡公司（Gentle Transitions）。

創辦的理由很簡單：子女往往四散各地，而且日益忙碌，因此該有別人來協助年邁的父母搬到老年住宅。這是個很敏感的任務，而且住在三房兩廳大房子的老年人，擁有的東西多到無法全部帶到老人住宅裡更小的新家；於是，「老年搬家經理」這種新型態的工作出現了，他們會全程協助老人搬家，從裝箱到開箱，無所不包。

和緩過渡公司是一間獲利豐厚且影響力巨大的公司。2018 年，它在雙子城協調了一千兩百多場的搬家，費用平均落在 1,500 ～ 3,500 美元（不包括搬家卡車的費用）。根德森的兒子負責管理加州分公司，他也是「美國全國老年搬家經

理協會」的共同創辦人，該貿易協會在美國四十州內有六百多名會員。

隨著公司成長，新的工作類型也不斷出現。最有趣的是所謂的「分類員」。除了協助打包，分類員還會與屋主一起決定哪些東西要帶去新家，以及更重要地，哪些東西不需要帶去新家。

吉兒‧弗里曼是和緩過渡公司最頂尖的的行銷人員與專業分類員。我跟她在 169 號公路上另一間馴鹿咖啡店碰面。「囤積症有的輕微，有的嚴重，」她告訴我，「差別就在於程度不同。每個人都有一點囤積症。」

弗里曼一頭金色的短髮、一雙藍色的眼睛，散發出無盡魅力。當她告訴我她以前是演員時，我一點都不吃驚。她說一個半小時後還有一場清理雜物研討會要主持，也不令我意外。「我來到一間房子時，會先跟屋主討論。」她解釋。「我想像個朋友一樣，而不是敵人。人們就是這樣看待我的，覺得我的出現就是要把東西丟掉。」

討論只是開頭。無可避免地，她的工作是要說服人們放手，並確保他們珍愛的東西不會遺失。「人們會開始哀悼。比如說，人們結婚得到陶瓷餐具時，是想永久保存下去的，我有些客戶還當場哭出來。」她對我說。隨著個人物品被捨

棄，一種更深沉的哀悼隨之展開。人們失去的不只是感情，還失去了某種身分。

隨著品味的改變，這個過程也變得更加困難。 20 世紀中葉出生的美國人所珍視的精緻瓷器與古董早已不再受到年輕世代喜愛，因為那不是他們的身分認同。「就是沒人想要。但是老年人總認為子女想要，『噢，我的小孩會想要』，但是他們真的不想要。」弗里曼說。

在分類他人的東西時，弗里曼最基本的策略，就是說服客戶他們的東西不會浪費掉。「男人最捨不得工具。女人呢，特百惠保鮮盒。所以我通常會說，特百惠可以回收，工具可以給別人用。」接著東西該如何處理，就是老年搬家經理的責任，而且要快。弗里曼與其他分類員是按時收費的。效率才是第一優先，而非永續。

有時，這很令人心痛。塔米‧威爾克是和緩過渡公司的搬家經理，我們在另外一位分類員位於明尼阿波利斯南部的家中喝咖啡時，她向我提起協助一位攝影師整理東西的過程。「他的一生全在照片裡。我看到非洲獵遊的照片，動物的照片，他的一生。我告訴家人他們應該把照片帶走，但是他們不要。清理廢棄物的公司來了，我的心都碎了。他們總共清走了三間倉庫的東西。」塔米不知道東西最後都去哪

了，但是擔心這一點不屬於她的工作內容。「他們每小時付我們 52 美元，家屬的目標就是把東西都清掉。」

　　空巢清理公司的慈善商店位於 169 號公路附近，就在柯弗快餐店後面那棟米色的建築物。店鋪外面，幾個擺著耙子與園藝工具的金屬桶將之與其他租戶隔開來。但是一打開店門，外頭簡單枯燥的外貌消失了，映入眼簾的是五顏六色各式各樣的好東西：一張中世紀時期現代主義白色皮沙發、茶几、裝著懷舊照片的金屬桶、農場設備、擺著玻璃器皿與盤子的櫃子、懷舊雜誌。收銀機擺在由上百本書疊成的桌子上；各式各樣的東西吊在天花板上，都是過去一個月左右空巢清理公司從客戶的房子帶回來的，他們承諾會重複使用這些東西。

　　我是回收場老闆的兒子，對於像我這樣的人來說，這裡是最棒的遊樂場。我的祖母也是回收場的女兒，如果她還在世，我一定會帶她來這裡，然後兩人逛到流連忘返。

　　但是在這個特別的週三，我沒有時間慢慢逛。莎融・費雪曼是慈善商店的創辦人與經營者，她同意接受我的採訪，但是在店裡訪談的話，她會分心。於是，她建議我們去對街的柏金斯快餐店。她身高不到 153 公分，大大的眼睛四處張

望，走起路來只有一種步調：快步直行。我幾乎是追著她穿過了大街。

在柏金斯快餐店，莎融帶著我入座，還點了些早餐。此刻是下午三點左右。「你想知道什麼？」她問道。

莎融來自明尼阿波利斯西區市郊，她早年曾在電視台工作，後來轉行去做絞肉機的業務。「我拜訪了美國各地的麥當勞與柏金斯。」她微笑著說。後來她結婚生子，留在家帶小孩。但是四十幾歲時經歷一場健康恐慌後，她希望回歸就業市場。她沒有計畫，也沒有方向。仔細思考自己喜歡做什麼後，她重新發現自己兒時對整理東西的熱情。某天晚上上網時，她在 Google 上輸入「整理東西」，找到了空巢清理公司。

她一開始先擔任搬家工人，後來成為搬家經理，為搬家後留下的東西找到出路也是她的工作，而這使她靈機一動。「我最後常會打電話給之前幫忙搬家的工人，問：『我這裡有好多東西，你要不要？』然後對方會說：『好啊！我們晚點去拿。』」莎融自問有沒有更簡單、更有效率、更永續的做法。「我很討厭丟東西，真的——但我不是囤積狂。我的員工看到店裡的樣子以為我是囤積狂。他們真該來我家看看，我根本不囤積東西。」

　　就如同莎融當時預見的一樣，把搬家剩下的東西用妥當的行銷手法再次出售的所得，可以用來抵扣空巢清理公司的各種費用。八年後，空巢清理公司擁有大約三十名員工，還有一間慈善商店，這間店多少已成為雙子城的地標。但是莎融說，這根本不是當初的計畫。「當初的情況比較像是，有這麼多東西剩下來，有那麼多人用得到這些東西，怎樣才能讓東西被有需要的人找到，不用搞得那麼複雜？」她停下來，切開剛送上桌的煎蛋捲。「然後我自己也面臨了同樣的問題，當我們清空我父母的房子時，我們舉辦了一個家產拍賣，才發現房子裡還留下了這麼多令人驚嘆的東西。」

　　「你還記得具體有哪些東西嗎？」

　　「餐桌，太漂亮了。真的沒有人想要嗎？對，就是沒有人想要。」

　　星期二早上九點，明尼阿波利斯北區綠樹成蔭的文森大道上，雪倫・凱德站在一間中等大小的錯層式房子前。四名工作人員已開始在裡面清空房屋。她正在講電話，預約清運卡車來載走無法再使用的東西。我從窗口望向屋內，看到一間幾乎已經空了的客廳，只剩幾件家具。「看起來成果還不錯。」我跟她說。

雪倫把手機塞進外套口袋。「等你看到地下室再說，相信我。」

房子裡面，身形修長的中年婦女丹尼絲‧狄克森坐在椅子上。客廳只剩下三把椅子，上面都貼著藍色膠帶，代表這是家人要帶走的物品，而非交給空巢清理公司。擺在遠端的餐桌也貼著藍色膠帶，而桌上各式各樣的玻璃飾品與看來是古玩的東西，大部分都沒貼藍色膠帶。

搬家工人抱著紙箱走下樓梯時，丹尼絲把一隻腿跨到另一隻腿上。「我也可以去街角找幾個身強力壯的鄰居，花幾百美元請他們幫我把房子清空。」她很實際地說。「但是我希望我的東西可以在社區裡被重複使用，這樣我會更心安理得。」

一名工作人員從後門走進來。「後面有個烤肉架──」

「那是我父親的，」她打斷，「要送給一位先生，他今天早上會來拿。」然後她轉向我，「我不留戀，因為我必須這麼做。」這是她父母的房子，1973 年買的。她的母親是行道會牧師（「我們是第一個在明尼蘇達州成立行道會教會的非裔美國人」），父親是退伍軍人管理部的外科助手。丹尼絲與兩個手足都在這裡出生長大，生活優渥。「我們過得很幸福。」她說，聲音突然顫抖起來。「我們什麼都不缺。」

1982 年，他們被推選為明尼阿波利斯市的年度家庭。

　　兩位老人家現在都八十二歲了，直到九個月前都還住在這間房子裡。接著，早已有失智症的父親生病了，在醫院裡待了一個月，之後又在一間護理中心住了一個月。「我意識到他們不能繼續住在這裡了。於是我在老人合作公寓幫他們買了一間公寓，屋裡有拉鈴，如果有什麼需要隨時可以拉鈴。」

　　這解決了大部分的問題。但是還有該如何處理屋內東西的問題。身為企業家的丹尼絲主動接手，跟家人把能清走的東西都清走了。他們自己留下的東西都是對家人來說很珍貴、對外人沒價值的東西：書籍與照片。然後她請空巢清理公司來處理剩下的東西。「我媽很顯然也不在意。」其他家庭成員就不一樣了。「你沒看到我妹 PJ，因為她大概正躲在某個地方偷哭。」丹尼絲說。「好啦，PJ，如果你這麼捨不得，那我們應該把房子買下來。話說回來，東西就只是東西。我們已經有好幾代的東西了。我們已經有過祖父母的東西了。」

　　屋後傳來一陣隆隆聲，雪倫聞聲說得去看看清運卡車。丹尼絲站起來，邀請我四處看看。我跟著她走到狹小的廚房，裡面有兩位搬家工人正在把架子上與櫃子裡一套套的餐

具小心翼翼地裝進箱子。「真不知道我們怎麼會有這麼多東西，」她說，「但是希望有人可以用到。」

　　從這裡，她走下嘎吱作響的階梯，來到地下室。地下室由裸露的木梁撐起，只亮著幾個燈泡。到處都是塞滿東西的箱子、袋子、工具、吸塵器，以及各種家電用品。三位搬家工人正在把東西分成三類：給空巢清理公司、（空巢清理公司無法賣掉的）給救世軍[6]、垃圾，並且裝進各自的箱子與袋子。遠處的階梯下也塞滿了東西，搬家工人還擠不進去。「這都是我父親多年來自己做的東西。」她指著一個箱子說道。「誰知道是什麼。」我靠過去看，但是上面鋪了報紙。丹尼絲慢慢地環顧一圈，然後說：「抱歉，我十點還有約。」

　　她走上樓後，我小心翼翼地踏進她父母一生累積的東西，彷彿涉入一段靜止的潮水。崔西·路克是一位分類員，她體格健壯、下顎線條分明、散發著理性與效率的氣息。此刻，她正跪在一箱箱的衣服旁邊。「這要一件一件挑選。」她告訴我。對空巢清理公司來說，除非是經典、值得收藏的衣物，否則利潤都太低，所以普通的衣服他們大多會送給救世軍。

6　編注：The Salvation Army，1865 年成立的國際性基督教教會與慈善組織。

　　一般說來，搬家工人會把東西分成五類：全新、經典、值得收藏、還可以賣的東西會送到空巢清理公司的慈善商店；可以重複使用，但是對慈善商店來說太便宜或太普通的東西，會送給救世軍或類似的慈善機構；舊的電器產品會送到專門的電器回收業者；可回收的紙類與金屬會送到一般的回收業者；垃圾則交給垃圾處理業者。

　　「我一開始在空巢清理公司工作時，還以為自己東西不多。」崔西告訴我，她停下來檢查一件仔細摺好的襯衫，然後丟進一個要給救世軍的袋子。「後來我開始減少家裡的東西。」

　　早在為空巢清理公司工作前，崔西就已經見識過程度不一的囤積行為。她是位退休警官，曾在雙子城富裕的市郊工作了二十多年，造訪過許多囤積不少東西的住家。「年老的一代，最後都不得不把自己的東西丟掉。」她說。「我們需要多少禮物？那邊有一套全新未拆封過的露營鍋具，裡面大概還有一本書。」這還只是堆積在美國家庭中全新未使用的東西的極小部分。而且這問題還不局限在美國。 2016 年由英國零售商馬莎百貨（Marks & Spencer）與包含二十間慈善機構的英國聯會樂施會資助的一項研究顯示，英國人的衣櫃

裡擺著三十六億件未穿過的衣服。[7]

地下室另外一端，另外一位搬家工人艾莉・恩茲從一堆箱子當中站起來。「這地下室裡有四台吸塵器。」

崔西點點頭。「在囤積狂家裡很常見。」

「我想老人家還留在修理東西的年代。」

我上樓，走進客廳旁的臥室。擁有四年經驗的搬家老手克里絲堤・杜佛特正在整理衣服。三台吸塵器堆在角落裡。「人們很多東西都捨不得丟。如果他們有一張紙，」她告訴我，「家裡一定會有一千張。」她比其他同事年紀更輕，也更開朗熱情。「我自己有兩個小孩，我以前也會把很多東西留下來。然後小孩長大了，我發現那些東西對他們來說根本沒那麼重要。」她把一件件內衣摺好，放進要給救世軍的袋子。「你該看看閣樓。」

我們走上一段階梯來到閣樓，那裡空間很狹小，而且還在房子的斜頂下。悶熱的閣樓已經很狹窄了，地板上還凌亂地擺滿了各式各樣的東西，此外還有一張床、幾張桌子跟一個矮衣櫃。我打開一個黑色大垃圾袋，看到一個閃亮的紙

7　Oxfam. "3.6 Billion Clothes Left Unworn in the Nation's Wardrobes, Survey Finds." https://oxfamapps.org/media/press_release/2016-06-over-three-billion-clothes-left-unworn-in-the-nations-wardrobes-survey-finds/.

製聖誕老人回瞪著我，聖誕老人下面，是各式各樣的聖誕飾品。我束起袋子，掃視一眼閣樓，角落裡又有一台吸塵器。

　　回到樓下，我跟克里絲堤提起我看到的聖誕飾品。「現在還是夏天，沒人想要。」她告訴我。「如果你想捐給救世軍，他們也不要。沒地方存放。」她聳聳肩。「東西會越積越多。在空巢清理公司工作，你就會學到，多了一個新東西，就得清掉一個舊東西。」

　　第二次世界大戰之前，克里絲堤所說的話還不成道理。當時，美國就跟其他國家一樣，還是農業國家，一大家子的人全住在一起，擁有的財物稀少而珍貴，往往還是自製的。19 世紀與 20 世紀初的實用家務手冊（這個文學類型大致上已消失）常常就是修理手冊。[8] 有些提供基本的黏合配方，用來修補碗盤。有些則說明有哪些基本策略可以延長陶器、鐵器與玻璃製品等的使用壽命。父母或祖父母擁有的一點點東西，會傳承給下一代繼續使用。

　　隨著工業革命把家庭引進城市與大量生產的工廠，人們與東西的關係開始改變，現代的「垃圾」概念也隨之產生。

8　Strasser, Susan. Waste and Want: A Social History of Trash. New York: Henry Holt, 1999.

比如說，在傳統的農業社區裡，剩下的食物是肥料。但是 19
世紀的市區住宅，沒有空間或機會給搬進來的鄉下人「回
收」剩下的食物。在缺乏垃圾收集系統的狀況下，剩下的
食物往往就從窗口飛到街上。根據 1842 年的《紐約每日新
聞》估計，當時大約有一萬隻左右的豬在紐約街上遊走，靠
有機垃圾維生。現代的垃圾收集與清除系統在當時還沒被發
明出來。

　　同樣地，在大量生產拉低衣服價格、使大型衣櫃成為中
產階級的標準家具前，衣服都是自製而昂貴的。一件上衣需
要好幾天的勞力來製成；床單與被子等都是祖傳之物。如果
有破損，則會被修補、改製成其他衣物，或是在最後當作清
潔的抹布。

　　工業化與城市化改變了一切。血汗工廠裡的工作時間
長，人們沒有多少時間來修補衣服，或是將之改製成其他衣
物或抹布。也因此，能夠在商店購買的替代品出現了，家家
戶戶把賺來的薪水拿去買衣服。儘管當時衣服的價格仍然昂
貴（要等到幾十年後，美國的中產階級才有能力擁有好幾套
店裡買來的衣服），但是「衣服或其他東西是資源，破了舊
了應該自己修補」這種想法逐漸消失了。在這個過程中，衣
服所蘊含的情感價值也在快速下降。畢竟，丟掉一件店裡買

來的上衣，比丟掉一件由母親、妻子或姊妹自己縫製的上衣容易多了。

　　當然，工業化前的農業生活比現代生活更環保、更永續。但是農業興起之前的原始遊牧生活也一樣。沒有人想回到過去這兩種生活方式，而且我們沒必要將這兩種生活方式浪漫化：當時的衛生與營養條件都很差，平均壽命也比現在更短、更無趣。毫無疑問，以大量生產與消費為基礎的經濟也有壞處，特別是工廠生產對空氣與水質造成的重大汙染。但是就連在這些汙染最嚴重的地方，如現代的中國，消費者還是寧可擁有大量生產與城市生活。

　　人類的進步值得慶祝。但是花幾個小時見識一般美國住屋的清空過程，你就會開始懷疑，自己在慶祝的人類進展是否真的在進步。

　　我在明尼阿波利斯的時尚市郊一棟高檔多層排屋的車庫前與雪倫‧凱德碰面。空巢清理公司的工作人員（雪倫說總共有八、九個）正設法把椅子和箱子等從車庫裡成堆的家具與箱子中抬出來，搬到空巢清理公司的卡車上。卡車上還有當天早上從另一間房子清出來的東西。雪倫表示，她通常每星期會安排七到十三間房子的清空工作，但是由於這星期有

好幾間房子（包括現在這棟）的清理過程較複雜，需要好幾個工作天，所以這星期只有七間房子。

「我什麼都見過了。」她告訴我。「但是這個屋主真的很誇張。」這棟排屋屬於一位年老的女士，她不久之前去世了。根據她親戚（包括住附近的妹妹）的說法，這麼多年來，她從不讓任何人踏進這間房子。「她羞於讓人看到屋裡的樣子，」雪倫說，「不過這還不是我見過最可怕的。」

她領我進屋，走上鋪著地毯的階梯，地毯上已黏附了多年的塵垢。樓梯頂端的一邊是一間辦公室。裡面有三位工作人員，正忙著打開抽屜，然後快速地把抽屜裡的東西倒進垃圾袋。「他們並不是在找什麼特別的東西，」雪倫解釋，「但是他們每樣東西都會檢查。」私人的信件會進入回收袋；壞掉的釘書機、會漏水的筆、塑膠迴紋針，全都進入垃圾袋。沒拆封的白紙有好幾包，會裝進要送去慈善商店的箱子。「像這樣的工作，大概沒多少東西能給空巢清理公司。這種時候，我們比較像在提供服務。」

一位高大健壯、年紀稍大的男人走進來，在貼著白色塑膠皮的書桌與書櫃邊跪下來。「塑合板。」他嘀咕著，同時把一隻手壓在上面，測試它們的重量與結構。經過雪倫的介紹後，卡爾很高興能跟一位記者分享他對搬家的知識。「我

在搬家這一行已經三十年了。我從來不買宜家的東西。我們會用塑膠膜封裝宜家的家具,但是家具保持完好的機會只有一半。」

雪倫領我走出辦公室,繼續上樓。她邊走邊說自己不像她的搬家工人那樣樂觀。「那張桌子跟那幾個書櫃,在大多數情況下都不是我們能搶救的東西。塑合板搬家一次後也許還可以用,但是頂多就如此。沒有人會買舊的,畢竟新的那麼便宜。」

上面這一層想必就是屋主親戚被嚇壞的原因了。那是一個屋頂挑高的明亮空間,主要的起居區域凌亂地擺滿了收納紙箱、書本跟零散的紙張;米色的地毯上遍布棕色的汙點;房間的正中央擺著兩台老式的健身器材;瓶瓶罐罐的營養補充品散落一地。廚房每一寸骯髒的台面都堆著瓶瓶罐罐據稱是健康的東西:榆樹皮、虎標萬金油、有機大麥芽粉、靈芝提取物、有機小麥汁。也許還有幾百瓶收在箱子裡。

樓下突然傳來東西砸壞的聲音,我嚇得跳起來。「那幾個白色的塑合板櫃子沒救了。」雪倫聳聳肩說。「我們的人正在把它們拆掉,沒必要留下來。」

艾莉・恩茲也在這裡,她坐在一個箱子上,查看一個個收納紙箱裡的紙張與活頁夾。「要是我們能把所有的紙張

丟進回收箱裡，速度就會快很多。」她翻開一個活頁夾。「但是這樣我們就無法得知這些活頁夾或書本能不能重覆使用。」艾莉旁邊的一張茶几上擺著三本書：《Mac 用 Office 2008》、《新版韋伯大學字典》、凱西‧莉普的《沒有雜物》。「人們通常都知道自己有毛病。」她說。

　　她把手伸進一個箱子的底部，抓出一把迷你瓷製小貓。這些都會丟進垃圾袋。「搶救這些小裝飾品對誰都沒好處。」她冷冷地說。「我在真的很高檔的房子裡見過這種東西，上面還貼著善意企業的標籤。這種東西我們還要拿去重複使用幾遍？」

　　清屋清了一段時間，就會看到幾個模式。經濟大蕭條期間出生的老年人往往囤積得更多。艾莉提到自己曾在這樣的客戶家中找到裝滿了塑膠袋的塑膠袋。嬰兒潮期間出生的人，則通常物品較少，但是電器更多。「真正有意思的是那些屋主已經住了四、五十年，甚至六十年的房子。很有趣，但是也很沉痛。他們甚至還把小孩小時候的畫作留起來，甚至還有寶寶書。」她停頓下來，對我露出一個苦笑。除了你的家人，沒有人會在意你用舊的寶寶書。而有時候你的家人也不在意了。「如果是經典作品，寶寶書可以送去慈善商店。」

　　吃了達美樂披薩當午餐後，空巢清理公司的搬家工人繼續工作。我走到一樓，發現辦公室裡的家具已清掉了，只剩下滿地零散的紙張。轉角是一間臥室，一張雙人床與兩個床頭櫃幾乎占滿了整個空間，四周滿是等著分類整理的箱子。

　　艾咪・瑞明頓是這次清屋工作的工頭，她正坐在床邊，整理一個箱子裡的信封與文件。「我算是個環保主義者。」她告訴我。「我會加入空巢清理公司，就是出於回收和減少浪費的理念。」她從箱子裡拿出一個大信封，把手伸進去，裡面都是揀選過的彩色舊照片。「如果是懷舊老照片或明信片，我們會送到店裡。有不少人在收藏。」接著，她抓出一疊還裝在信封裡的私人信件，抖出來，確定裡面沒有錢或其他值錢的東西，然後丟進回收袋。

　　我走進房間，看到衣櫃底部擺著好幾個樣式相同的箱子，塞滿了冬天的衣物與外套。這使我頓時想起，不論這屋主是誰，至少她不只是個營養補充品的消費者。她也有自己珍視的物品，哪怕對慈善商店來說並非如此。而現在其中許多物品都會前往造紙廠與明尼阿波利斯市中心旁的巨大垃圾焚化爐。

　　艾咪看到我臉上露出的感傷。「你有公司要經營的時候，不可能花時間檢查每一張紙。我每星期有四到五間房子

要清空，丟掉的東西比我以前丟的都要多。不過這棟房子還是特別糟糕。」

之前放著信件與照片的箱子底部有一個藍色的皮革錢包，已經褪色了，縫線也起毛球了。艾咪把它丟進垃圾袋，然後拉出一個刺繡的手提包。「我很想把這個拿去回收，但是沒有人會要。所以我就從自己做起，減量、減量、再減量。」

她伸進衣櫃，又拉出好幾個紙箱。令她吃驚的是，盒子後藏了成堆的新鞋。「嘿，卡爾！」她大叫，「新鞋！你可以把它們裝箱給我們的店嗎？」身材魁梧的卡爾大步走進來，往衣櫃裡望了一眼，然後說會馬上回來。「這房子裡有上百雙鞋子跟鞋墊。」艾咪補充，「老太太有強迫症跟失智症。這些新鞋跟經典鞋款會送去我們的店，剩下的則捐給慈善機構拿去義賣。」

「這房間裡有多少比例的東西可以重複使用？」

「15～20％，鞋占大部分。」艾咪彎身撿起一封手寫的信，想必是之前從信封裡掉出來的。她反常地停頓下來讀了幾句，然後把信丟進回收袋。「我有時候會很生氣。人們買東西常常不為別的，就只因為便宜。然後對別人送的東西捨不得。『噢，那是誰誰誰送的呢！』」她諷刺地模仿。「但

是你留著這些東西要幹嘛？」她搖搖頭，打開另一個裝滿照
片與信的箱子。

　　清空後的多戶樓房是資產，而且這類資產越來越常見
了。到了 2030 年，六十五歲以上的老年人將占美國人口的
四分之一。隨著老年人口增加，對老年住宅的需求也將跟著
成長。這就是雪倫・凱德在一個工作日的早上九點，坐在柯
德威爾班克不動產經紀商明尼阿波利斯分處一間無窗會議室
角落那張小咖啡桌旁的原因。她被邀請來把空巢清理公司介
紹給該分處四十位左右的經紀人。被邀請來的還有一位搬家
經理、一間氣味消除公司，以及一位設計手寫風格房產成交
禮物的女士。

　　雪倫擺出空巢清理公司的簡章時，一位臉孔英俊、身上
的藍西裝看起來非常昂貴的經紀人走向她。他聽說過空巢清
理公司，想了解更多，不過不是為了客戶。「我父親越來越
老了。他不是囤積狂，我們在考慮舉辦一場家產拍賣，問題
是家產拍賣上的東西都賣不出去。」

　　雪倫以前也聽過這說法。「舉辦家產拍賣，你不知道能
夠賺進多少。而且拍賣結束後，剩下的東西還是要處理。」
他們兩人交換名片。經紀人離開後，雪倫低聲對我說：「這

不是第一次了。你來這裡跟經紀商說明解決的辦法，但是很快就變成他們私人的事。我們就是這樣。我們不會只留著真正需要的東西，我也一樣。」

正在聊的時候，一位矮小、中年、穿著鮮紅外套的經紀人走過來。她自我介紹說是萊絲莉・諾維奇，賣房子已經有二十年了。她認識雪倫，也常僱用空巢清理公司。「身為經紀人，你可以勸人們清掉雜物。但如果是你自己要清……」她搖搖頭。

雪倫告訴萊絲莉我正在準備寫一本有關空巢清理公司與二手產業的書。萊絲莉把一隻手放在胸前。「我喜歡！我上大學搬出去時，我媽為我舉辦了一場二手派對。那些又舊又重的實木家具，我們都想要。」

雪倫大笑起來，笑聲差點太過響亮。「結果現在沒有人要。」

萊絲莉靠向雪倫，像是要講悄悄話，「我的外甥正搬進一間新公寓，什麼都要新的。有目標百貨（Target）的東西他就很滿意了。」

雪倫是個直言不諱的行銷商。她聽了這話想了想，然後說：「目標百貨的東西看重的是目的性，二手物品講究的則是體驗。」

第二章

清除雜物

▼

　　美國不是唯一在二戰之後蓬勃發展的國家，也不是唯一掙扎著為老化人口留下的多餘物品找到空間的地方。在日本，人口不只是在老化，而且還在減少。許多老人去世時，往往沒有多少親人來領取與清理死者留下的東西，甚至根本沒有人會僱人來清空房屋。每天都有人發現滿是私人物品與垃圾的房子，用美國人的話說就是囤積狂的房子。

　　這個現況，與近藤麻理惠和其他日本的極簡主義及清理運動提倡者所呈現的形象大相逕庭。不過值得強調的是，這些運動在日本如此盛行，部分就是因為日本人跟美國人一樣，希望家裡乾淨簡單、沒有雜物。從這個層面上來說，近藤麻理惠是在帶領日本以外的讀者走向未來，儘管還沒有多少國外消費者關心與期待那天到來。

　　韓靜子從東京惠比壽地鐵站的樓梯快步走上來，然後對我露出一個禮貌的微笑，還鞠了躬。她有一張年輕的圓

臉，留著一頭短髮，身上穿著一件棕褐色的圍裙，上面兩個大口袋裝滿了筆、麥克筆跟膠帶。她是尾聲計畫公司（Tail Project）的經理。尾聲計畫公司已成立六年，總部位於東京附近，專門清除與處理因日本人口下降而日益增加的廢棄屋。五十歲的她之前是空服員，現已退休十年，不過她的言行舉止仍散發出空服員的敏捷與效率。

與我同行的還有趙東弼，趙東弼在我造訪日本期間為我翻譯，還經常向我解釋日本的文化。除非對方直接跟我講英語，否則都是趙東弼擔任中間人。

韓靜子的名片上列出了三個專業認證：販賣二手商品的執照；日本全國清屋專家協會認證，該協會代表日本八千多家的清屋公司；以及同一協會授予的「終活」顧問認證。

最後這一個是日本獨一無二的現象。二戰後的重建與經濟發展期間，「就活」這個詞本來用於描述找工作的過程。但是最近幾年，年老的日本人把「就」改為「終」，發明了這個絕望而諷刺的新詞：終活，也就是為人生的終點做好準備。

這個需求很急迫。2018 年，日本慶賀了 92.1 萬個寶寶的出生，但是哀悼了 136.9 萬人口的去世。自 1899 年開始記錄以來，這是出生率最低的一年，而且是連續第八年出生率

低於死亡率。儘管政府幾十年來不斷努力鼓勵生育小孩，日
本人口極可能在未來五十年縮小三分之一。因此，準備後事
的產業迅速成長。在日本，所謂的「終活博覽會」很常見，
這個活動有助人們更熟悉從壽衣到遺產規劃等所有商品與服
務；會場也有許多關於如何妥善處理後事的手冊；人們還能
和韓靜子這類的業者諮詢如何處理死後留下的財物，或是離
世後如何代表親人舉辦送行儀式。

　　今天韓靜子要清空一位女士的公寓，該女士的先生不
久前車禍身亡。兩人沒有小孩，所以沒有人來協助搬家，也
無法分享遺物與回憶，因此這間公寓就跟大多數被清空的住
屋一樣，是要徹底清空。「有些家人會說：『留下一點東西
吧。』」她一邊說，一邊揮手招計程車。「但是大多數人都
會說：『全部清掉。』」

　　六十年前，這種做法根本無法想像。過去的日本家庭大
多住在鄉間，而且人口眾多、相距不遠，死者的後事也是大
家分擔。但這個狀況很快就改變了。二戰後日本蓬勃發展期
間，年輕人可以到大城市追求福利好、幾乎是終身的「穩定
職位」，遠離故鄉與家人。對一個歷史上一向保守傳統的國
家來說，這種繁榮富裕的生活刺激出前所未見的消費行為。
到了 1960 年代，富裕的日本人開玩笑說，日本神話中的三

神器：八咫鏡、天叢雲劍、八尺瓊勾玉，已被電視、冰箱、
洗衣機這三種新神器給取代了。

　　後來，日本人變得非常富裕，家裡滿是東西，連電視跟
洗衣機也不再神聖，也不值得拿來開玩笑了。1990 年代初
期的資產泡沫破滅，導致經濟衰退與長達數十年的經濟蕭條
後，這個笑話就更不好笑了。從此以後，穩定職位逐漸演變
為薪水低、福利差、不穩定的職位，這種狀況對日本的年輕
人來說特別有感。經濟不穩定迫使這些年輕人延後或乾脆放
棄結婚生子。

　　自此，日本成為世界上人口老化程度名列前茅的社會，
上百萬的住家堆滿了經濟發展期間累積下來的財物，而後裔
卻寥寥無幾。日本境內已有八百萬間空屋，俗稱「鬼屋」。
根據日本政府的研究指出，到了 2040 年，日本境內空屋的
總面積將相當於奧地利的總面積。

　　這個狀況並不僅限於日本。在富裕的東亞已開發國家，
人口同樣在迅速老化，也留下堆積如山的物品。西歐也在面
臨類似的人口結構改變。根據一間英國保險公司估計，2003
年英國人總共有三百八十萬套起司鍋具組收在家裡沒用。它
們最後會流向何方？就算大多數都還能用，人口成長的速度
（即使加上移民）恐怕也不足以建立起能夠消化這些鍋具組

的二手市場。

　　幸好，想要回收或丟棄這些沒人要的東西，有很多清潔且環保的選擇。如果起司鍋具組最後沒有（大概也不會）被送到廢金屬場，它仍會在科技進步、安全環保的垃圾焚化爐裡燒成灰燼（尤其是在日本，日本擁有世界上最頂尖的垃圾焚化爐）。只要把東西送過去並繳交處理費就行了，但是處理費並不低。一個 12 加侖、塞滿東西的垃圾袋必須繳交的焚化處理費為 50 美元左右。一個日式床墊則是兩倍的價格。有些待焚化的東西可能還有販賣的價值，但是把這些東西整理出來的時間，還不如用來清空另一間房子，直接索取清屋的費用。

　　至少，這是韓靜子的想法。但是最近她發現，客戶的想法跟她不同。「他們想知道有人會繼續用他們的東西，」她說，「這使他們更心安理得。」作為一名生意人，她覺得有必要提供這項服務。

　　惠比壽地鐵站不遠處一間羅多倫咖啡店的二樓，我與濱田里奈碰面。濱田里奈是日本《再利用商務報》（*Reuse Business Journal*）的編輯與日本二手商品產業最頂尖的專家。

　　這是個大產業。

　　2016 年，二手商品在日本是價值 160 億美元的產業。這大約占了日本總零售市場的 4％。但是其對日本造成的實際衝擊其實更巨大。比如說，根據濱田里奈的資料，日本在 2016 年有兩千萬名二手服飾消費者，相當於日本總人口的六分之一。而且，儘管二手商品的價格比新產品低，二手服飾仍占了整個服飾零售市場的 10.5％。對日本的年輕人來說，二手服飾是塑造自我身分理所當然的方式。

　　濱田里奈身材嬌小，大概 152 公分。她左肩上掛著一個大皮包，裡面塞了好幾份要給我的《再利用商務報》。這報紙看起來就像《華爾街日報》，內容也一樣正經嚴肅。裡面報導了拍賣的房屋、新興網路二手商店，還有市場預測。周邊滿是拍賣、定價資料、新開幕二手商店的廣告。

　　「勿體無（Mottainai）。」她對我說。這個難以翻譯的日文單詞，表達出對於浪費的惋惜，也表達出對珍惜的渴望。「1960 年代以前，日本人還懷著這種心態。」她解釋道。「就連在德川時代（1603 － 1868 ），一件和服都會一穿再穿。」但是隨著日本在 1960 年代進入經濟奇蹟時期，一切就變了。「日本人忘了自己是誰，只是一再買東西、買東西、買東西。」

　　在她看來，由於日本經濟成長放緩與人口結構改變，這

種價值觀在最近二十年逐漸消失了。濱田里奈還提到了另外一個原因：2011 年 3 月東北大地震與海嘯導致的福島核電廠事故。「之後，我們又想起了自己是誰。人們開始把自己的東西送去東北地區，因為那裡的人什麼都沒有。人們開始想：『也許我們應該重複使用這些東西。』」

　　日本的清屋產業在那場大地震前就出現了，而且一開始跟二手產業沒什麼關係。它的目的是快速有效率地把東西清掉。由此看來，這個產業是 20 世紀中期日本繁榮經濟的完美分支。但是這也在 2010 年代初改變了。在以美景與旅遊知名的北海道，好幾間清屋公司被抓到把清理出來的東西傾倒在自然環境中，而非繳交高昂的廢棄物處理費妥善處理。相關的媒體報導引起民眾的不滿，並且開始意識到清屋產業的存在，清屋專家協會也隨之成立。該協會努力透過各種方法扭轉形象，比如提供「如何從回收與再利用市場中獲利」的深度培訓。

　　現在，就連佛教和尚也參與了這個產業。濱田里奈解釋，日本的神道教與佛教都認為鬼魂會依附上使用多年的物品。「家中有人去世時，家人會去寺廟為死者拜拜。」濱田里奈說。「然後和尚會去家裡把鬼魂清掉。」這個商業模式是如此誘人，有些清屋公司還直接與寺廟合作，同時照顧到

死者的心靈與物質需求。

　　不過，儘管日本又開始重新擁抱傳統的價值觀，當代的價值觀依然有它的力量。「我們在日本當然有『勿體無』的心態，」濱田里奈坦承，「但是我們的生活水準也很高。」她用指節敲敲我們之間的木桌子。「這桌子很好，但是它如果髒了，日本人就不會用。」

　　「那誰會用？」

　　「開發中國家。」

　　韓靜子跟我從計程車走出來，來到一條安靜富裕的街道，一邊是成排的昂貴公寓，另一邊是一座公園，公園裡的櫻花樹在晚春的微風中撒下它的花朵。

　　我跟她走進一棟公寓大樓的大廳，爬了四段樓梯，來到一間已被清空一半的兩房公寓。兩位工作人員正抬起一座衣櫃，準備搬到樓下。另外一位工作人員跪在地板上，小心翼翼地拉起多年前固定在地板上的電線。右邊的角落是個小廚房，好幾個箱子裝滿了廚房用品與玻璃器皿，兩個箱子裡滿是一瓶瓶喝了一半的威士忌與清酒，還有一疊鋪平綁起的新紙箱。旁邊的牆上掛著一張巴布・狄倫抽大麻的海報，還有一張滾石樂團《巫毒商店》巡迴演唱會的海報。

　　房屋中央，一位女士坐在椅子上，右腿跨在左腿上。她五十多歲，穿著緊身牛仔褲與黑色短外套，留著過肩的長髮。她是個寡婦，眼睛下有黑眼圈。她准許我留在現場觀看，但是請求我不要透露她的姓名。

　　韓靜子回到她去地鐵站接我前的工作：把寡婦的玻璃製品用報紙包起來。「我負責包裝能在回收市場上賣掉的東西，」她解釋，「其他人則負責家具。」

　　我靠過去，看到她正小心翼翼地包裝兩個已有些變白的玻璃啤酒杯。「這賣得出去嗎？」

　　「在日本很難賣。日本人更喜歡只用過一年的二手物品，電器也一樣。所以如果有別的國家要，我們就出口。」她仔細篩選寡婦廚房裡的東西，把該丟掉的東西丟掉，好繼續處理下一件東西。「我們的首選是菲律賓。不過最近非洲也開始買得更多了。但不是什麼都買。有時候，我們也會把東西擺在公司前，路過的人誰想拿就可以拿。」

　　「我希望我的東西最後落到能用到它們的人手中。」寡婦突然說。她之前從一堆雜物中拉出一個手指大小的玩具腳踏車，現在正拿在手中擺弄。我突然想到，希望自己的東西能被別人再次使用，除了出於對環境的憂慮或對浪費的惋惜，其實也出於某種虛榮。她的話就像是想證明自己的東西

有價值。

　　一位工作人員抱著一箱黑膠唱片走過來，寡婦在箱子旁邊跪下來，翻看裡面的唱片。我看到《槍殺鋼琴師》和《奶油樂團精選專輯》。日本的黑膠唱片迷很狂熱，他們渴望擁有的唱片可珍貴了。舊啤酒杯可能沒多少價值，但是這些唱片確實有不少價值。

　　韓靜子的雙眼掃向唱片，但是什麼都不說。

　　寡婦微笑起來。「我先生以前總會自己錄錄音帶，然後帶去酒吧讓他們放。我還記得他錄音的時候，鄰居總大叫：『小聲點！』我們在這裡老是有派對。」

尾聲計畫公司的韓靜子在東京地區清理房屋的過程。

　　韓靜子用膠帶封好一箱玻璃製品，頭抬也不抬地問：「這些唱片我可以帶走嗎？」

　　「帶走吧。」

　　這是很不錯的成果。儘管把重點放在物品的再出售與再利用，韓靜子清空房屋的收入大部分仍來自客戶付給她的費用：只需一天的服務為 2,200 ～ 3,200 美元（需要一天以上的價格當然就更高）。在支付員工的薪水與高昂的廢棄物處理費（有時高達 1,000 美元）後，實際的收入就沒那麼多了。

　　不過韓靜子的收入很穩定。尾聲計畫公司就跟日本大多數的同業一樣忙碌。平均來說，她一個月會接到 10 ～ 12 個案子。「我還可以接更多。」她坦承，「但是我喜歡把接到的工作好好做完。」昨天，她在往北 180 英里遠的福島縣清了一間房子，而今天這份工作完成後，她又要前往 20 英里遠的橫濱去見另一名客戶。「剛開始的時候，沒那麼容易接到案子。」她邊說邊打開一個放雜物的抽屜。沒拆封的訂書針進入「再出售」的紙箱，筆則被丟進旁邊的垃圾袋。她拿起一小小的、棕色的圓柱體，原來是個私人印章。她轉向寡婦：「這你要留著嗎？」

　　整個早上，寡婦一開始沉默深思，後來逐漸多話、甚至幽默起來。但聽到這個問題，她似乎又回復到她的基本狀

態：疲憊。「不要了，謝謝。」她搖頭說。

　　印章被丟進垃圾袋。

　　韓靜子清除雜物的方法很實際，不求什麼心靈的滿足。每個東西都有一個去處，或者更好的是，有一個市場。這種想法在當代日本還未扎根。 1910 年代，日本追求現代化的官僚與工業而開始採納弗雷德里克・溫斯洛・泰勒的「科學管理」理論。泰勒是一位美國機械工程師，後來成為世界首位管理顧問。[9] 他的「泰勒法」目的在量測與增加工作場合的效率，並減少浪費，無論是時間上或物質上的浪費。

　　豐田汽車採用泰勒的理論，創造了知名的「精實生產」系統，該名詞甚至成為日本高超生產技能的同義詞。不過泰勒法不限於工廠。在泰勒模式的辦公室裡，主管的位置應該靠近門口，因為他們最常需要離開辦公室，而共用的東西應該放在指定好的地方，這樣就不需要浪費時間尋找。[10]

　　有些泰勒法的日本追隨者判斷這種做法還適用於家中。於是 1940 年代晚期，專注於在居家生活中減少浪費與改善效率的書籍出現了。比如說，1949 年大元茂一郎出版的《居

9　Siniawer, Eiko Maruko. Waste: Consuming Postwar Japan. Ithaca, NY: Cornell University Press, 2018.
10　Ibid., 32.

家生活科學化》便尋求在家中達到理想的分工，而其中便由
家庭主婦扮演經理的角色。泰勒式的建議，比如「家中每個
東西都應該要有固定的地方，容器如箱子或罐子應該用標籤
標示其收納的內容」等，則在 2010 年代成為清除雜物運動
的信條。[11]

　　這些建議沒有一個適用於極簡主義者或是其他試圖減少
物質依賴的人。相反地，這些建議一開始就旨在協助日本人
處理家中越積越多的東西和垃圾。這些建議是給喜歡購物的
人，而沒有幾個國家像日本如此愛購物（他們的經濟規模就
是證據）。畢竟，潮流瞬息萬變，時下流行小物不斷推陳出
新，因此總是買來沒多久就會被扔掉。

　　但是就連 20 世紀中期日本經濟蓬勃發展時，也出現過
質疑的聲音。1970 年代，一個開始萌芽的環保運動對日本的
物質主義大聲表示憂慮。這些對環境的憂慮馬上就與對社會
的憂慮融合起來。1979 年的日本生活型態全國年度調查中，
不少人第一次表示，「心靈上的富有」與「餘裕」（yutori，
在日文中大致可解譯為：尋找時間與空間去享受生活）對他
們來說比物質上的優渥更重要。隨著意氣風發的 1980 年代

---

11 Ibid., 35.

慢慢過去，對物質主義的不滿也逐漸加深。

　　英子・丸子・施奈華是最了解日本的廢棄物與浪費的歷史學家。她寫道：追求「餘裕」的人考慮的「不只是有沒有必要買某個東西，而是買這個東西會不會為他們的心靈帶來喜悅」。[12] 只購買會為心靈帶來喜悅的東西，其實跟近藤麻理惠知名的原則相似，也就是消費者應該只留下會帶來喜悅的東西。

　　2018 年末，我打電話到施奈華教授在麻薩諸塞州威廉斯學院的辦公室，請教她是什麼原因導致這些多重的軸線最後融為一體，於 2000 年代末期在日本創造出風靡全球的清除雜物運動。就跟濱田里奈一樣，她也提起日本經濟長期衰退所造成的影響。但是她也謹慎地提到，儘管經濟衰退與環保意識成長，日本的清除雜物運動主要還是著重東西的整理收納，以達到立即的、個人的喜悅。它的目的是在節省空間，而非節省金錢或保護環境：

　　我覺得近藤麻理惠在日本如此受歡迎的原因，就跟她在美國與其他算富裕的大眾消費型社會受歡迎的原因一樣。

---

12 Ibid., 203.

那就是她為「東西很多或東西過多」這個問題提出解決的辦法，而唯有你處於某個階級、有能力擁有很多或過多東西時，才可能有這個問題。但是她並沒有探討到「消費」這個層次。有些人會說她已經暗示了你應該學習減少擁有的東西。但是她並沒有探討這些東西一開始如何以及為何會進入你的家中。

最後那個問題正在老化、富裕的日本擴散開來，而且往往只在最後清除雜物時才會被提及，因為到了那時，消費者早已不在人世，再也無法感到喜悅，而清理東西的可能還是個受僱的外人。

韓靜子沒有時間為客戶捨棄的東西哀悼。她的母親多年前去世時，她自己就學到了這一點。當時，其他家人沒有時間幫忙，她很想僱一兩個人來，但最後她還是自己一人處理了。「好難啊。」她回想道，臉上閃現出一絲的脆弱。「那都是我母親的東西啊！」她道出自己當時的感觸。「但我還是得把東西丟掉。」

幾年後，活躍科技公司（Active-Techno）這間部分由豐田汽車所有的板金噴漆設備製造商，在 2011 年 3 月東北大

地震後的經濟衰退期一蹶不振。製造商的經營者是韓靜子的朋友，他當時跟韓靜子提到，他在尋找新的商機，而且最近剛好看到一篇有關清屋產業的文章。「他當時說：『說不定我應該進入這一行。』」韓靜子回想道，「然後我說：『不要不要，讓我來做。』」2012 年，作為活躍科技公司旗下的子公司，尾聲計畫公司成立了。

進入這一行沒有什麼障礙。韓靜子取得買賣二手商品的執照。有些案子可能需要她進行一些清潔的工作，所以她還接受類似殯儀業者會接受的安全訓練。每一週就有上千名日本人去世，因此這種清潔的工作占了整個商務內容的 30％ 左右。

韓靜子從廚房踏出來，取出 iPhone，找出清屋的照片。「你看。」她停在一張照片。照片上是一張床，床墊上是一大塊人形的汙漬。「我不動屍體。」她說，「但是我必須接受過訓練，才能清潔剩下的東西。」她繼續往下滑，給我看仍卡在榻榻米上的頭髮、在上面發現的一堆垃圾，還有床上一具已腐爛的屍體。這些照片是她拜訪潛在客戶以爭取工作委託時拍下的，如果得到了案子，照片就可以協助她與員工做好準備。

韓靜子表示，有些清理的過程很「開心」，家人們會聚

在一起回憶死者的往事。但也有悲傷的過程,「家人就只是來拿走有價值的東西,剩下的全丟給我們處理。」她停頓下來。「在美國又是怎麼樣?」

這時,寡婦突然開口,說她跟亡夫去過洛杉磯,還看到車庫拍賣。「美國人辦車庫拍賣是為了有更多空間買更多東西。我覺得很有意思。」她對我說,接著將視線轉向別處,笑了笑,或許是想起了自己曾向亡夫分享過同樣的觀察。

時間已近傍晚,車子開始擠滿橫濱的馬路。日本第二大二手零售商 Bookoff 集團的公關小湊高春正開著他的 BMW。在 0.25 英里的車程中,我們經過了連鎖店遍布全日本的二手釣魚用品零售商達克貝利(Tackle Berry),還有連鎖店遍布東京與橫濱地區的二手高爾夫球桿零售商 Golf Effort。「他們的東西很多都來自……『終活』嗎?」說出這個詞的時候,我覺得很彆扭,彷彿在裝腔作勢。

小湊高春禮貌地笑了笑。「大多數都是年輕人的東西。他們想清掉舊的東西,才有地方放新的,有這樣的店就很方便。」Bookoff 於 1990 年代開創出這個產業,當時「二手貨」在日本還是「低檔貨」的同義詞。今天,Bookoff 在日本境內有七百多間店在買賣二手商品,從書本到露營用具都有。該

公司的股票還列在日經指數上，就與其他十幾個二手商競爭對手一樣。

　　小湊高春轉進一座停車場，停車場兩側各是一間巨大的倉庫，上面掛著 Bookoff 有趣的橘色標誌。他下車，拍掉身上深色西裝與灰色襯衫上的皺摺，擦淨黑框眼鏡上的橢圓形鏡片。他身材精瘦，但是散發出一股熱情。我覺得一部分是因為二手生意的運作就像魔法一般。造訪他們的倉庫有點像掀開試鏡的幕簾，而此刻演出的內容是：我們捨棄東西的那一刻，東西就不再重要了。

　　我們走進明亮的倉庫，裡面有幾百輛紅色與藍色的推車，每輛推車裡大約裝了四十個破舊的收納紙箱。小湊高春告訴我，每個紙箱裡都至少裝了二十本舊書、舊 DVD 與舊 CD，都是消費者賣給 Bookoff Online 的，這是 Bookoff 正在迅速擴展的電子商務部門。消費者不需要把舊書送去二手書店，而是可以利用 Bookoff 設計的簡單步驟輕鬆賣掉舊書：只要把書裝進紙箱，貼上託運單，然後請人上門取件就可以了。小湊高春說，Bookoff 每天大概會收到三千個包裹，總共約十五萬件商品，其中大多數是書。這不是清理房屋，這根本就是個黑洞，在書主鬆手的那一刻，立刻吸進巨量的舊書。

　　我們走上一段階梯，來到二樓。一到樓上，我就得退後一步，讓路給一位工作人員，他推著一個大浴桶大小的推車，推車上堆著幾百本書，高度差不多到腰間。「這都是要回收的。」小湊高春說。 Bookoff 是日本最大的二手書買賣商，但不是每一本舊書都有買主，因此，Bookoff 恐怕也是日本最大的舊書回收商。根據小湊高春的說法，公司每年會把 35,000 公噸的書送去給紙類回收商，這相當於 3.5 座巴黎鐵塔的重量，全都是沒人要買的書：愛情小說、歷史小說、字典、經典文學、食譜。

　　這是一個令人心碎的數字，對作家來說更是如此。這個殘酷的剔除過程，每天都在這間 Bookoff Online 倉庫狹長的二樓上演。在中央排成一排的，是堆滿書的推車，兩邊則各是大概三十個工作站。工作人員在此處打開顧客的包裹，鑑定裡面的內容。

　　小湊高春把我介紹給納谷太太，她是一位個性開朗、頭髮灰白的女士，已經在這裡工作十年了。她的工作站東西不多。左邊是一個浴桶大小的籠子，裝滿了準備回收的舊書，後面則擺著六個顧客寄來的包裹。她面前有一個電腦螢幕，一個條碼讀取器，一台印表機。右邊是好幾個背包大小的藍色與紅色塑膠箱，還能再出售的書會放進這些箱子裡。

　　納谷的工作程序很簡單。她會打開包裹，取出一本書。如果書有瑕疵，像是書角折起、頁面破損、封面褪色等，就會立刻被丟進回收箱。小湊高春坦承，這是個很嚴格的要求。「比我們實體書店的品質要求嚴格很多。」他說，「問題就是，網路顧客沒辦法在購買前看到書，所以在網路上賣的書必須要幾乎跟新的一樣。我們不希望因為書有瑕疵而被退貨。」

　　檢查合格的書接著被放到條碼讀取器下，依據 Bookoff 龐大與不斷更新的資料庫與採購演算法接受評估。 Bookoff 不願透露其中的細節，更別說是誰在掌控這個系統了。但是小湊高春說，是否要買下一本舊書，以及要付給顧客多少錢，取決於許多因素，包括過去有哪些書好賣，公司的定價人員預期未來有什麼書好賣（如果哪本書要翻拍成電影，那麼儘管原著小說此刻不好賣， Bookoff 可能還是會留下來），以及倉庫的書架上有哪些書已經累積了太多本。

　　大多數的舊書都賣不成。根據小湊高春的說法，顧客寄給 Bookoff 的書當中，有 60％左右都沒有價值。「很多都是漫畫，看完就可以丟了。」他說。這些獨一無二的日本漫畫，每年會印製上百萬冊。「另一方面，有的書非常暢銷，但是我們不希望它們在倉庫裡占去太多空間，」他放下手中

的漫畫,「所以這些書也會被回收。」

　　每一本書被掃描時,都會產生一個嗶聲,然後電腦螢幕上會顯示這本書是該送進回收箱,還是放進紅色或藍色的塑膠箱。納谷太太一邊跟我說話,一邊像發牌似的把書放進不同的塑膠箱。*嗶*。「我在這裡總是會看到各種很有意思的書。」*嗶*。「尤其是在回收箱裡。」*嗶*。「但是我們按規定不能拿走任何東西,這讓我很心痛。」*嗶*。「所以啦,我就去書店買新書。」*嗶*。

　　「我也是。」小湊高春說,同時把手伸進回收箱,拿起一本引起他注意的書。那是一本三十年前出版的精裝小說。他小心地翻閱。書的狀態很完美,而且是稀有的版本。如果是在傳統二手書店,可以索取不低的價格。但是 Bookoff 講求的是數量,而且還有一個問題:這本書不但沒有條碼,也沒有國際標準書號(每本書或每個版次獨有的辨識號碼,通常為十或十三個數字)。「所以在 Bookoff 的系統裡根本沒辦法定價。」小湊高春說。他皺起臉,把書輕輕放到回收箱裡的書堆上,然後走開。

　　那是一個冷酷但必要的鑑定程序。查詢一本沒有書號的書籍售價的五分鐘裡,納谷可以掃描分類二十本有條碼的書。如果 Bookoff 每天只收到幾本書,那麼為了得到小湊高

春剛才感受到的快樂，也許還值得花這五分鐘。但是 Bookoff 每天收到的書多達成千上萬冊。如果要讓人們能夠繼續在 Bookoff 上輕鬆簡單、心安理得地處理舊書，就沒有那種時間。

這時，一輛堆滿藍色與紅色塑膠箱的推車被推向電梯，準備送上樓存放。上面的塑膠箱就跟納谷太太工作站上的一樣，每一個都裝著一位顧客的書與價格清單。同樣的價格清單會寄給顧客一份，顧客只要接受清單，就會收到付款。小湊高春說有八成的顧客都會接受。剩下的兩成則會同意自行付費，讓 Bookoff 把書寄回去。沒有多少人會在別處找到比 Bookoff 更好的價格，尤其再考慮到寄送回去的費用，而且每本書通常只能賣到幾分錢。「不過我們的顧客在意的不是錢，」他說，「無論他們接不接受買價。」

但是對 Bookoff 來說，營利很重要。一旦顧客接受買價，書就會被送到兩個目的地。一小部分會送上樓，包裝好，運到日本各地需要存貨的 Bookoff 二手書店去賣。書名、作者、主題都無所謂。書店要的就只是書，任何種類的書，而這間橫濱倉庫有各式各樣的書。

但是大多數的書會送到隔壁四樓高的倉庫。小湊高春宣稱這是日本最大的二手商品倉庫，說不定還是世界上最大

的。「我一直想打電話給金氏世界紀錄。」他說。裡面有五
百萬件左右的商品，大多是書，存放在架子上，架子之間燈
光昏暗的走廊很窄，寬度只足以讓拿著手持式導航器的工作
人員推著推車通過。這不是圖書館。這裡不按書名、作者或
主題分類。 Bookoff 設計了一套系統，只用架子的編號來分
類。如果架子上有空位，一本書就會被放上去。如果有人訂
了這本書，導航器就會把工作人員送到該架子取書去寄送：
一件沒有名字的商品，準備邁向買家。

　　東京往南 35 英里左右的濱海旅遊勝地鎌倉，一棟兩層
樓的小房子坐落在山腰上蜿蜒的小路旁，隱藏在石造圍牆與
金屬大門後，窗前的金屬百葉窗阻擋著會使家具褪色的陽光
與好奇的眼光。不過這裡沒有多少好奇的眼光。至少在這個
上午，這一帶似乎只屬於幾個坐在公園長椅上的老年人。韓
靜子馬上就會來了。她過去這兩天一直在忙著清理這間房
子。不過這天早上她得去另外一間房子報價。

　　這是一棟很常見的房子，在一個很常見的街區。街道與
院子都乾乾淨淨，沒有垃圾。三年前，這房子裡還住著一家
人：一位九十五歲的女士，以及她的女兒與女婿。也是三年
前，她的女婿過世了；幾個月後，女士的孫女沙耶讓母親與

外婆搬到離這 20 英里的橫濱與她的家人同住。去年底，沙耶的母親也去世了。

沙耶在門口迎接我，在格子襯衫與牛仔褲外還穿著一件圍裙。她的笑容開朗，戴著細框眼鏡，使她散發出書卷氣息。她是兼職兒童英語老師，因此很高興能跟我聊一聊。「請進，請進。」她揮手示意我進屋。儘管有百葉窗，屋裡仍舊明亮偏黃，而且家具大多還在。屋裡有一張餐桌與椅子，一座擺滿陶瓷餐具的玻璃櫃，還有一台電視擺在電視櫃上。不過，餐桌上是一幅熟悉的景象：用報紙包起的碗盤，以及一罐 Premium Boss 冰咖啡，用來讓某人（也許就是沙耶）保持清醒。還有好幾個漂亮的紅色漆器。「那都是我外婆做的，」她告訴我，「我們會留著。」

韓靜子手下一名工作人員是一位才剛受僱的女性，正在廚房裡包裝餐具。不過她太害羞了，所以不太和我說話，更別說告訴我她的名字了。沙耶簡短介紹了她的名字後，領我走回客廳。「這是我兒時的住家。」她皺起臉對我說，然後望向樓上。「我知道必須把所有的東西都清理掉。但是我有一份工作，還有一個老公跟兩個小孩，我沒辦法自己來。」

她詢問過三間清屋公司的報價，因為韓靜子的個性相當不錯，報價也具有競爭力，以及對尋找再利用市場的意願，

她最後決定僱用尾聲計畫公司。「我什麼都不想丟掉，這些東西總有人會用到。」她轉向餐桌與上面幾樣仍舊使她心中充滿喜悅的東西。「這真的很難，而且一旦開始了就無法回頭。」

她領我走上樓梯，來到斜頂下的二樓。我們首先來到她外婆的房間。長方形的榻榻米鋪滿地面。牆壁漆成了橄欖綠，除了角落的牆上有一座神道教的小神棚，房間裡什麼東西都沒有。小神棚前掛著用來趨吉避凶的「注連繩」。「韓女士會聯絡這裡的宗教當局來取走神棚，」沙耶告訴我，「他們會把神棚燒掉。如果有其他東西依附太多死者的情感，也可以燒掉。」根據清屋專家協會，焚燒神棚的費用就跟焚燒佛教神龕（直徑一公尺）或日式床墊的費用一樣，差不多100美元。

沙耶帶我走進旁邊的步入式衣櫃，裡面一側是一座與牆面一樣長的木製五斗櫃。剩下的空間則全是盒子與箱子。「日本的宗教很有趣。這個五斗櫃有自己的靈魂，」她說，「因為它已經被使用很久了。」一段繩子綁著一張宣紙，沙耶輕輕掀起宣紙，露出下面一件深藍色棉麻材質、下擺有毛線編織花卉圖案的衣服。「這都是我外婆自己做的和服。」她掀起一件和服，然後又一件。「她自己縫的。」這個抽屜

裡有六件和服，而下面的三個抽屜，每一個裡面至少也都有六件。她走回臥室，把手伸進一個我之前沒注意到的箱子裡，裡面至少有十件和服。

「這些你都會留著，對不對？」

她跪下來，解開包著另外兩件和服的宣紙。「和服，母親穿了，女兒再穿……要放棄沒那麼容易。」一件和服是棕色的，上面繡著繁複的漩渦圖案；另外一件則覆滿綠色與棕色的幾何圖案。「但是有些我沒辦法留。我沒有那麼多空間。不過也許別人穿得到。」她站起來，抹去一滴淚水。「我很心痛，但是我沒辦法什麼都帶走。有些已經賣掉了。」

我們從她外婆的房間走到她母親的房間，就彷彿從傳統的日本走進現代的日本。房間裡滿是堆得高高的箱子，雙人床上還堆了更多箱子，此外還有一座梳妝台、一個矮衣櫃，還有一張椅子。裝框的全家福照擺滿了空出的表面。沙耶摸摸她身上黑白格子襯衫的袖子，說：「這都是母親的衣服，所以我也穿。」她讓我轉向一間衣櫃，裡面的塑膠收納箱堆了六層高。她打開其中一個，拿出一件手織的毛衣。「這也是我外婆自己織的，」她說，眼淚再次流下來，「我沒辦法什麼都留。」

下樓時，我告訴她在原宿的鬧區有個週末才開放的二手

和服市集。「顧客大多都是外國遊客。」我謹慎地說，內心想著她會希望外婆親手做的衣服能交到懂得欣賞的人手中。

　　她對我肯定地點點頭。「好，就讓外國人帶走它們吧。有人珍惜，很好。」然後她轉身，又熱淚盈眶。我不知道該說什麼。不過還好，這時前門打開了。韓靜子來了，準備上工。

第三章

洪流

▼

　　稀有的物品才會世代相傳，而唯有更稀罕的物品才會隨著時間增加價值。隨著物品的數量激增，消費者把處理物品的責任交給他人也越來越常見了。私人古董店或藏品店理當能夠從某戶家庭中少數真正有價值的物品中獲利。任何人都可以賣掉一條鑽石項鍊，不過有誰可以每週賣掉二十五件二手毛衣？這需要有錢、有耐心，還有大量能在衣服沒賣掉的期間帶來收入的商品。

　　數十年來，這個角色變成由慈善商店來扮演。沒有任何慈善商店比善意企業更善於擠出美國家中日常用品的剩餘價值。 2017 年，它創造了 58.7 億美元的零售銷售額，堪稱美國慈善貿易之王，產生的收益至少達 175 億美元。它的商業模式無論在美國或是海外都被廣泛模仿。對美國人來說，善意企業代表了整個慈善捐贈產業。從過去到未來，善意企業都是人們不要的東西的歸宿。

　　下午三點左右，捐贈的物品馬不停蹄地來到位於土桑市南霍頓街與東格林街交叉路口的善意企業捐贈中心。捐贈中心內，一輛輛灰色的推車上堆滿了拼圖、沙發靠墊、相框、裝滿衣服與鞋子的枕頭套、兩張兒童高腳椅，還有至少一台吸塵器。我還瞥見有人留下了一袋垃圾（真的是垃圾），有三顆錫箔包裝完好的好時之吻巧克力從裡面掉出來。捐贈中心外，一張咖啡桌靠在一張床頭板邊，擋住了半邊的入口。還有兩輛推車，其中一輛放滿了塑膠盆栽，擋住了另一半。散落在周邊的，則是一台古怪的老划船機與好幾個用膠帶封起的大箱子。我在這裡已經待了一整天，卻想不起來是否曾看到這些東西被人從車上卸下來。

　　這股人潮看來不會停止，還有四輛車排隊等著要捐贈。四十三歲的米雪兒・楊瑟淡定地用社會批判家的眼光掃過人們捐贈的物品。她說人潮才正要開始多起來，所以過來幫忙。

　　隊伍輪到一位老先生，他慢慢地從一輛 Nissan Frontier 皮卡車下來，手裡提著一雙毛皮襯裡的靴子。「我送了一雙給前妻，她很喜歡。」他說，「一雙可是要 150 美元。我買了這雙送給現任妻子，可是她不喜歡，說我買過一樣的靴子給前妻。」楊瑟一臉厭惡地接下靴子，然後轉身時，大喊：

「謝謝您的捐贈！您的捐贈能夠支持我們店裡二十二位員工！」她轉向我，「這是我們這個月的口號。」

接下來是一台白色的 Impala，新墨西哥州的車牌。我認出車主，一個穿著無袖條紋 T 恤的年輕女孩，不到半小時前才捐了至少一打塞滿了衣服、床單的垃圾袋。這一次她打開後車廂，裡面是好幾箱的碗盤。「都是我外婆的。她有點像囤積狂。我們辦了一場車庫拍賣……」她聳聳肩。

楊瑟停下來，盯著那堆東西。

「這不會太多吧？」女孩驚恐地問。

「不會！我們不能拒絕捐贈。除非是某些特定的種類，像是床墊或有害的化學物品。」

「噢，那就好。我們還有點擔心你們不會全收。」

楊瑟把箱子搬到一輛推車上。把東西推進捐贈中心時，她搖搖頭。「車庫拍賣早已不像以前那樣了。一半的東西都賣不掉，因為價格訂得太高了。每個人都以為他們在拍《鑑寶路秀》（*Antiques Roadshow*）。」一堆塞滿衣服的垃圾袋上躺著一個綠色的玻璃花瓶，她拿起來看，上面還貼著車庫拍賣的粉紅色標籤，手寫的標價為 2 美元。「人們看到這價格，就知道在慈善商店買會更便宜。」

「真的？」

砰！

在我身後，五十歲的法蘭克‧卡凡把一個裝滿衣服的垃圾袋摔到一個已堆滿衣服、洗衣機大小的紙箱上。他身材壯碩，之前是建築工人。他滿頭大汗，把垃圾袋又一次舉到頭上時，雙肩緊繃。*砰！*

米雪兒翻了個白眼。「我們紙箱不夠時，就只能這樣節省空間。」她解釋說。「我們不能站到箱子上把物品壓下去。」這樣違反安全規定。*砰！*「又有捐贈來了。」說完，她朝著門口走去。

2018～2019會計年度，南亞利桑那州的善意企業，包括擁有約四十間商店與捐贈中心的土桑地區在內，總共接受了504,519人的捐贈，捐贈的物品從沙發到棒球卡都有，平均每次捐贈60磅的物品。保守估計起來，在美國這座擁有50萬人口的中等規模城市，人們當年賣掉或捐出去的東西大約5,000萬磅，其中就有3,000萬磅被送到了善意企業。

這根本不算什麼。

根據美國環境保護局最新的資料，2015年，美國人丟掉了重達241億磅的家具與居家用品，320億磅的紡織物品，包括衣服、床單、毛巾與抹布，還有453億磅被環保局稱為「各式耐用品」的東西，這個籠統的類別包含了任何通常在

使用過程中不會損毀的物品，從耙子、叉子、湯匙、拼圖、鋸子到轉盤式電話與手機，都被列入其中。而這股洪流還未到達顛峰。

在美國與加拿大總共一百六十二間地區獨立經營的善意企業中，南亞利桑那州的善意企業算是中等規模。這一百六十二間善意企業總共有三千多間商店與捐贈中心，每年都會從垃圾堆搶救回超過 30 億磅還能使用的東西。換句話說，善意企業只接收了被丟棄的衣服、家具與各種耐用品的 3%左右。

而且這個數字已經比任何機構都還要多了。

1932 年 2 月，美國《科學人》雜誌刊登了名為〈舊貨變工作：廢棄物變工資〉的專題文章，向讀者介紹善意企業。當時該機構已成立三十年，但是大多數美國人才剛開始認識善意企業與其他接受舊物捐贈的機構。根據該文作者，捐贈的好處不僅是心靈上的滿足。美國人的家中平均有價值15 美元的東西閒置在閣樓裡，而對大多數美國人來說，這些不用的東西反而是「負擔」，對於個人的福祉或幸福毫無貢獻」。善意企業不只為民眾卸下這個負擔，而且還僱用窮人修理翻新這些不要的東西，尤其是衣服，然後以它們原來在閣樓裡好幾倍的價格售出。

土桑市的車庫拍賣於每週六上午結束後，沒賣掉的東西總是如洪
流般湧入南霍頓街與東格林街交叉路口的善意企業捐贈中心。

　　這樣的慈善模式只能存在於大量生產與消費的時代。在
工業革命以前，教會也常收集舊衣送給窮人。但是隨著廉價
的成衣逐漸排除自己在家縫製衣服的需要，手工縫製的技巧
逐步消失，修理與改造服飾的財務誘因也開始消失。不斷改
變的時尚與隨時跟上潮流的需求，更加速了這個趨勢。越來
越多的美國人有能力購買新衣服，窮人與富人的差距也變成
由品味來定義。窮人的衣著可以跟富人一樣高雅，只要他們
不介意過時一、兩季。衣櫃與閣樓越來越滿，大眾開始相信
東西太多也是個負擔。[13]

13 Susan Strasser's landmark Waste and Want: A Social History of Trash. New York: Henry
　Holt, 1999.

　　慈善機構掌握了這個機會。1865 年，救世軍於倫敦成立，旨在向市區的窮人傳教。為了使傳教的工作更有效果，該機構僱用了市區的窮人收集、修理與販賣民眾家中不要的東西。1897 年，它擴展到紐約，在紐約建造了所謂的「工業之家」，作為窮人的住處，以及修理舊衣與傳教工作的所在。工業之家為多層結構，包含零售商店（窮人可以在這裡工作）與運輸區域，而運輸區域後來演變成捐贈中心。

　　大約在同一時期，艾德嘉・詹米斯・賀姆斯牧師接管了波士頓衛理公會的摩根教堂，並展開在當地社區收集與修理舊衣的計畫。該計畫的一部分，就是把粗麻咖啡袋分發給中產階級家庭。中產階級家庭會把自己不需要但仍然可以修理的東西裝進這些「機會袋」（很快就改名為「善意袋」）交還給教堂。這個成功的模式擴展到布魯克林，並於 1915 年採用善意企業這個名字。到了 1920 年，美國有六個大城市有獨立的善意企業分部在運作。最終，善意企業不再隸屬於衛理公會，並在獨立出來後迅速擴展，部分原因就是其跨越教派的性質，而且對廣大美國民眾很有吸引力。

　　週五早上，我和南亞利桑那州善意企業的聯席總裁麗莎・艾倫以及莉茲・葛立坐在該機構的總部。總部位在土桑南部一處人煙稀少的工業園區。她們兩人共同監管這個價值

約 3,000 萬美元的企業，包括十六間零售商店、兩間暢貨中心、一間高檔二手精品店（大多是衣服）、數間倉庫、一個廣大的社會服務網絡，以及五百多位全職員工。艾倫負責零售與營運的部分，說起話來快速、講求效率，聽起來就是深諳美國銷售文化的人。「善意企業擁有南亞利桑那州 47％的慈善市場。十年前還只有 20 ～ 23％。」具有傳統零售背景的艾倫毫無保留地讓我知道這個成長是在她的領導下出現的。「這個發展是刻意的。我們覺得我們當時不夠迎合市場的需求。」

「你怎麼知道你們不夠迎合二手市場的需求？」

「我做了評估，」她說，「然後看到了失業率，也看到了社區需要更多的培訓。」這句話並沒有回答我提出的問題，卻回答了更重要的問題：善意企業的動機是什麼？它並非為了營利而營利。它的首要動機其實是社會問題，比如說年輕人的失業率。然後善意企業便想辦法來資助解決的辦法。「商店是我們的經濟引擎，協助我們為民眾找到工作。」

這和善意企業在 1890 年代所擁抱的宗旨相同，但兩者存在相異之處。當時的善意企業會在修理商店或零售商店直接僱用市區的窮人，今日的善意企業則利用其專業管理的商店來資助社會服務，協助民眾透過工作達到經濟自立。莉

茲・葛立似乎不願意打斷她的聯席總裁，儘管善意企業如何使用商店賺來的錢是由她來管理。不過有空檔時她仍然會說幾句話。「我們的宗旨就是我們的身分。」她說。「這就是為什麼我們在做這樣的工作，而且每一個人都是其中一分子。我們在這裡有五百多位員工，其中有四、五十個人正致力於社區中的職業發展。」

　　善意企業接收的對象往往是最棘手、最需要資助，但是政府通常不願或無法處理的個案。正是這些個案（而非二手物品）讓善意企業的員工激發出最大的熱忱，無論他們是否直接從事社會服務。比如說，土桑市所在的皮馬縣內，有很大比例的青少年沒念完高中，其中很多最終會落入少年司法系統。因此，在葛立的領導下，該機構開始把焦點放在以各種方式協助這些年輕人，比如高中同等學歷證書的考試費，以及調整薪資好鼓勵持懷疑態度的員工接收這些人。「我們去年為一千三百名年輕人找到工作，」葛立說，「這表示我們把經濟引擎用對地方了。」

　　艾倫點頭表示同意。「商店是協助我們達到目標的手段，」她說，「如果商店生意不好，那我們就得考慮要在哪裡減少開支。如果商店生意好，我們的選擇就增加了。所以我們非常注重不斷改善商店的成效。但是我們真正專注的是

零售背後的工作。」

「你們會在店裡僱用社會服務計畫裡的人嗎？」

艾倫搖搖頭。「很少。商店可以是一個工具。如果有人需要工作服，我們可以幫忙，但是商店跟社會服務計畫是分開的，而且多少是一種利益衝突。我們想把人們安置在社區裡。」

當然，不是每個人都熱愛善意企業的經濟引擎。早在1920 年代，以營利為目的的廢棄物回收商和二手商店就痛恨必須與這種透過捐贈得到商品的慈善機構競爭。不過，儘管有這些不快，評價慈善管理的機構總是給予善意企業極高的評價。而在南亞利桑那州，善意企業把其九成的捐贈物品用於社會服務工作，因此備受民眾讚揚，已成為當地相當重要的公民機構。

南霍頓街與東格林街交叉路口的捐贈中心內，整潔的書桌上放著一本善意企業捐贈稅收據簿，內頁在風扇吹動下輕輕飄動。書桌對面有八個 6 英尺高的箱子，被稱為「籠子」。離書桌最近的兩個是用來裝衣服的籠子，旁邊則是一個用來裝床單的籠子，以及一個裝著各式各樣大型耐用品（善意企業稱為「大型物品」）的籠子，裡頭從大花盆到三

輪車都有。再旁邊的籠子用來裝「大型電器」，像是電爐、立體聲收音機、電腦等。再過去則是用來裝「小型物品」的籠子，像是餐具、玩具、CD、DVD 與鞋子。在這裡，每個東西都有一個位置。

　　麥可・梅勒斯稍作休息後回來了，開始分類成堆的捐贈物品，並撕開一個個的垃圾袋與紙箱。衣服被丟進裝衣服的籠子，整齊摺好的成疊床單被丟進裝床單的籠子。在一個垃圾袋的底部，他找到一團糾結在一起的萊茵石項鍊與塑膠彩珠項鍊、塑膠墜飾、手鐲，以及一團看起來像是銀鍊子與金鍊子的首飾（「一定是假的。」他跟我保證。）他把東西全丟進桌上一個特百惠收納罐，裡面已快裝滿其他金銀鍊子。下一個袋子裡有床單、一個紙製派對喇叭、一個紙製派對帽、缺了一個鏡片的金屬細框墨鏡、一張 Safeway 會員卡，以及一個五分硬幣。他把硬幣丟進一個玻璃罐（就在幾乎已裝滿廉價珠寶的罐子旁），裡面已裝進半滿的硬幣。這些看似隨便擺放的東西，其實一點都不隨意：善意企業有嚴格的規定，包括什麼可以和不可以放到桌子上，而獎金就取決於員工遵守規定的程度。如此一來，善意企業就可以避免留下垃圾。

　　我往倉庫裡面走進去，經過擺放家具的區域，大概有三

張沙發的深度，看到兩位工作人員在一堆餐桌後整理剛送來的家具。家具是很重要的收入來源，但是仍舊比不上衣服，衣服是該機構收到最多捐贈、同時也賣出最多的商品。

今天，在倉庫的最深處，四位女性工作人員正忙著進行善意企業所謂的衣服「生產」。這概念很簡單：把籠子裡的衣服分類、標價，然後掛起來，也是某種製造過程。傳統工廠把原料與零件製成新產品，而善意企業則是把成籠捐贈來的衣服按照品質與價格分類，掛到架子上。就跟傳統工廠一樣，善意企業也有生產目標。比如說，善意企業昨天的生產目標是總價值 4,787 美元的衣服。結果它昨天生產了 1,115 件總價值共 5,657 美元的衣服，還超越了當日目標。

善意企業「生產」的衣服大多數不會在這裡販售。在這間店裡，大約有 45％的產品會在銷售區域販售（幾年前才 33％）。這個比例對一間美國慈善商店來說是很高，但要維持這樣的銷售率非常困難。南亞利桑那州善意企業的零售營運經理凱文・坎寧安在巡視倉庫時為我總結出他們所面臨的挑戰：

你可以想像成沃爾瑪（Walmart）的總部打電話給一間沃爾瑪店面的經理，說：「馬上有一卡車的產品會送到你

那。」店經理說：「噢，好，我知道。」然後總部的經理又說：「噢，還有，我們不知道卡車裡有什麼，而且卡車裡沒有一個東西跟另外一個東西一樣。噢，還有，你還得自己定價。噢，還有，一定要把東西賣掉，創造利潤。」

　　因此，明智且符合市場趨勢的定價，決定了善意企業是把湧入物資接收處的東西賣掉，還是得透過暢貨中心或外銷市場賺進更少利潤，或是只能認賠把東西都丟到垃圾場。也就是說，經驗、品味與深諳沃爾瑪及其他大眾零售商的敏銳度，會塑造出不斷變化的定價公式。「如果你的定價跟沃爾瑪一樣，我們的顧客就不會買。」麗莎·艾倫告訴我。「我相當清楚！人們知道東西有多少價值。」

　　「如果善意企業店裡東西的品質更好呢？」

　　艾倫露出微笑，搖搖頭。

　　使這個問題更複雜的是，南亞利桑那州十六間善意企業零售商店所供應的市場都稍有不同。在一個城區賣 6.99 美元的東西，在另外一個城區可能又太貴。為了迎合不同的市場，確保理想的定價，善意企業會僱用時薪員工，並以良好的福利、高於平均的薪資，以及依銷售與生產目標的達成度所頒發的獎金來增加誘因，希望員工願意長期留在善意企業

工作，以熟悉他們的市場。如果員工不熟悉自己的市場，那就沒有人熟悉了。

　　這是耗時而昂貴的工作，需要大量的員工、對當地市場的了解，以及良好的判斷能力。在這方面，善意企業盡可能嘗試將之系統化。比如說，在分類區域的牆上掛著一張「2.99 美元品牌」的清單，列出了大眾零售商如目標百貨與柯爾百貨（Kohl's）的旗下品牌。比如說，如果分類員撿起一件 Old Navy 的背心或夾克，或是一條目標百貨旗下 Mossimo 的牛仔褲，就都是 2.99 美元，沒有例外，然後這件衣服就會被丟進標示著 2.99 美元的大紙箱。稍後，衣服會附上價格標籤，掛起來，送到銷售區域。

　　高檔品牌的處理方式也類似。牆上還有一張「精品品牌」的清單，列出了八十六個品牌，包括布克兄弟與 Zara 等品牌。這些品牌的衣服會被挑出來送去善意企業已在高級城區開設三年的高檔精品店販賣。「一條新的 Miss Me 牛仔褲賣 249 美元，」坎寧安解釋說，「但是我們不能在這裡以 6.99 美元的價格販售。顧客看到標價，會想：『這是善意企業嗎？』但是在精品店，可以賣 30 ～ 40 美元。」這是一個很聰明的商務手段，足以與廉價搶購善意企業商品、然後在 eBay 或其他線上平台高價賣出的轉賣商競爭。在我造訪土桑

地區善意企業的兩週內，好幾個轉賣商跟我抱怨說善意企業的衣架和櫃子上都沒有好東西了；這對善意企業來說是好現象。「我們想要那份收益，」坎寧安說，「而精品店為我們取得那份收益。」

在精品品牌與 2.99 美元之間，就得靠判斷力了。在這兩者之間，有 3.99 美元、4.99 美元與 6.99 美元的大紙箱。麥肯琦‧威廉斯是位二十出頭的分類員，綁著一個長馬尾，很健談。就跟其他分類員一樣，她也戴著手套，避免雙手伸進 2 英尺深的捐贈衣物箱時，被別針或其他危險物品割傷。「泰波姿是 6 美元。」她一邊解釋，一邊把一件泰波姿女裝襯衫丟進 6.99 美元的箱子。「不那麼好的牌子是 4 美元，背心是 2 美元。」說完她把一件藍色的背心丟進 2.99 美元的箱子。接下來，她從籠子裡撈出一件 Dockers 的綠色毛衣，扯了扯，檢查有沒有破洞。「所以這件應該是 6 美元，因為它的牌子。但是因為亞利桑那州很熱，所以降為 4 美元。」接下來是一件男士格子短袖襯衫。「David Taylor 是好牌子嗎？」她問其他三位分類員。

「我看看。」協理朱莉‧桑奇斯說。她接過襯衫，脫下手套，用大拇指與食指搓揉布料。「4 美元。」

「你怎麼知道？」我問。

「感覺。」她翻起襯衫的領子。「不重要了。這領子上有破洞。照重量賣。」她把襯衫交還給麥肯琦，麥肯琦接著把襯衫丟進寫著「照重量賣」的箱子。這個箱子最後會送到善意企業的暢貨中心。

桑奇斯分類衣服的時間比麥肯琦久多了，因此她現在替她年輕的同事回話。「你在單子上看到的品牌，」她說，意指 2.99 美元的清單，「要小心。最近幾年品質逐漸下降，衣服不如以前好。我以前會買目標百貨的 Mossimo，現在我都不買了。洗一次就壞了。在捐贈物裡也會看到，東西很快就壞了。」

「是大家越來越不愛惜衣服嗎？」我問。

「是生產衣服的成本越來越低了。」

幾個箱子的另一邊，較安靜年長的凱西・格雷克從 6.99 美元的箱子拿出衣服，檢查一番，如果在她經驗豐富的眼裡價格合理，便附上價格標籤，掛到衣架上。「大家不像以前一樣會把衣服穿那麼久了。」她突然說。「生產衣服的廠商知道這一點，所以也懶得製造好衣服了。」實際的資料證實了她的說法。 2000 ～ 2015 年間，衣服的國際生產量增加了

一倍，而一件衣服丟掉前被穿過的次數平均減少了 36%。[14]

　　導致這種轉變的原因有好幾個，包括最近三十年來中國與亞洲地區新出現的上億消費群。為了促進消費，主要位於亞洲的廠商已深諳如何製造可以便宜售出的產品。但是要達到這個目的，品質往往就下降了，衣服的壽命也減短了。其中最關鍵的，就是利用位於如柬埔寨與緬甸等新興市場的廉價勞工與生產過程。1990 年代時，這種做法使「快時尚」與像 Forever 21 及 H&M 這樣的品牌成為可能。

　　現在，你不需要是有錢人或住在巴黎、紐約，才能擁有伸展台上最新的潮流。你只需要走進購物中心，或者能夠上網就行了。這對追求時尚、中產階級的年輕消費者來說是好事，而他們當中很多人每件衣服都穿不到幾次，因此沒機會注意到衣服洗過幾次後就會磨損。根據二手時裝電商 thredUP 2018 年的調查顯示，千禧世代最有可能在衣服穿過 1～5 次後就丟掉。[15] 如果這些衣服的品質和它們模仿的高檔品牌一樣好，對善意企業來說再好不過了，但是就如同桑奇斯說的那樣，它們的品質往往和用過即丟的產品差不多，頂

14 Ellen MacArthur Foundation. A New Textiles Economy: Redesigning Fashion's Future, 19. 2017. http://www.ellenmacarthurfoundation.org/publications.

15 thredUP. Resale Report, 2018. https://cf-assets-tup.thredup.com/resale_report/2018/2018-resaleReport.pdf.

多只能丟到「照重量賣」的箱子裡。

「消費者只注重價格，不注重品質。」坎寧安跟我解釋善意企業在定價上遇到的挑戰時說。「他們不會花 6.99 美元買一件能穿很多次的上衣。如果有選擇，他們會去沃爾瑪花 2.99 美元買一件。價格是主要考量。」各種原因交織在一起，使得替商品定價變得相當困難，無論是背心或廉價沙發都不例外，而在仰賴捐贈的慈善產業裡，品質逐漸成為最令人憂心的問題。

週六早上六點半，凱西・查克，南霍頓街與東格林街交叉路口這家善意企業的經理，正在捐贈中心清點存貨。「我的倉庫太乾淨了，」她說，「東西不夠多。昨天只生產了價值 500 美元的商品。」她停下來，看著一輛推車，推車裡有兩台立體聲收音機、一台平面電視、一台掃描機，還有三個行動電源。「不過我真的很為我們的電子產品感到自豪。這是幾個月來我們第一次超過生產目標。」

凱西六十六歲，和同年紀的人相比，她的手腳非常俐落。此刻她有充分的理由要快速行動，因為今天是善意企業每個月的五折拍賣日，店裡馬上就會湧進大批顧客。在前面的櫃台，她的挑戰是迅速為顧客結帳；在後面的倉庫中，她

則擔心東西不夠多，無法迎合顧客的大量需求，還有無法達到當天 14,087 美元的銷售目標。

她穿著一件橘色的 Boo Crew T 恤，為善意企業的萬聖節產品打廣告，下面是一條寬鬆的牛仔褲與黑色的 Nike 運動鞋。進入善意企業之前，她在傳統零售業工作了三十二年，其中二十幾年是在西爾斯百貨（Sears）。她表示，在善意企業的挑戰更大。「和其他零售業不同，在這裡需要不斷變換花樣，」她說，「顧客每天都會來，如果一直看到同樣的商品，他們很快就會失去新鮮感，然後就不會來了。」

為了避免這個狀況，善意企業每週會更換一次標籤顏色，讓員工一眼就可以看出商品在銷售區域待了多長時間。這個循環每六週會更新一次，而六週前的標籤（與產品）就會被取下來，丟進「照重量賣」的箱子。這是一個無情的系統，目的是維持顧客的興趣、保持足夠的收益，以及最重要的，確保架子上總是有空間，以容納大量湧入捐贈中心的物品。

這並不是善意企業獨有的模式。在全球各地，慈善商店為了維持存貨，也會採取類似的方法。

比如說，總部位於橫濱的 Bookoff，其將近八百間的連鎖店就有四種不同顏色的標籤，依季節而更換。一個循環結

束後，沒賣出去的產品就會從櫃上與架上取下來。 Bookoff
把這個過程稱為「心太」(tokoroten)[16]。「顧客不在乎東西有多
陳舊，他們只在乎東西在架上賣了多久。」Bookoff 的發言人
小湊高春向我解釋。「就跟吃的東西一樣，放久了就變味。
我們稱之為『毒蘋果』。」

就像北美慈善商店紛紛仿照善意企業的六週循環那樣，
許多日本的二手產業也會效法 Bookoff 的「心太」模式。凱
西拿起一個寫字板，上面詳細記錄了最近的生產，然後發愁
說店裡新東西不夠多，無法吸引常客。「缺乏多樣性是行不
通的，所以店裡每天都會擺出各種東西，而我們需要更多東
西。」

凱西望向聚集在門外的六十多人。「其中有些已經把東
西藏好了。」她告訴我。「他們會前一天先來，把想買的東
西藏起來，然後今天用半價買回去。」在服飾部，她把手伸
進一件風衣，拉出兩幅油畫。「朱莉，你來拿這個好嗎？」

朱莉・桑奇斯趕過來，接過油畫，看了一眼背面的價
錢。「這才 2.99 美元耶！」

---

16 編注：心太原本是指將紅藻類煮出的寒天質冷卻凝固成塊狀物後，再利用專門
工具「天突」擠壓成的日式麵條。使用「天突」時，新的塊狀物將前面的塊
狀物擠出去，因此也被用來形容「在空間固定的情況下，先進來的會被新進來
的擠掉」。

　　凱西指向掛在架子上的 T 恤，依顏色分類好，就跟百貨公司裡一樣井然有序。「就應該像這樣，整齊乾淨，沒有東西掉到地上。就跟對街的沃爾瑪一樣。」她不是在比喻，對街真的有間沃爾瑪，而沃爾瑪是競爭對手，那裡也有 2.99 美元的 T 恤。

　　南亞利桑那州善意企業在與沃爾瑪競爭的戰場上並不孤單。整個北美洲，每一間善意企業都在運用明亮的燈光、鮮豔的顏色與專業的產品陳列方式，企圖提高大眾對慈善商店的興趣。在此期間，善意企業也吸引來經濟層面上更廣大的顧客。「大概在 2000 年，善意企業開始發生改變，」麗莎‧艾倫告訴我，「我們的停車場慢慢能夠見到更高級的汽車。」

　　與此同時，日本的 Bookoff 也經歷了轉變。

　　在日本，買賣二手商品的歷史可以追溯到好幾世紀前。受到政府與警察保護的當鋪公會於 17 世紀出現，由於受到保護，因此只賺不賠；但是該產業並不注重顧客服務，因此名聲總是很差。「那時候，人們不想把東西賣給二手商人，覺得把東西賣給他們是很丟臉的事。」橋本真由美對我說，她是 Bookoff 前總裁與董事長，現為該企業的資深顧問與董事。

　　橋本真由美已經七十八歲了，是日本商業界的傳奇人物。她在四十一歲加入 Bookoff 時還是兼職員工。當時，Bookoff 才成立一年，只有一間店，而且只買賣二手書。多年來，她一直是個全職母親，但是小孩漸漸長大後，不那麼需要她了，於是橋本真由美有個新的志向，「我想自己賺錢」。Bookoff 擴展為全國連鎖店時，橋本真由美已晉升到高層，成為日本少數幾位管理上市公司的女性。橋本真由美最近幾年已半退休，但是並未完全退出，她在附近的 Bookoff 連鎖店仍然有間辦公室。「我想看看公司會如何發展。」她對我說。

　　「1991 年，你剛應徵 Bookoff 的工作時，二手書店是什麼樣子？」

　　「很髒！」她毫不遲疑地說，然後笑起來。「我那時絕對不會走進任何二手書店。」橋本真由美散發出慈祥老太太的氣質，但是堅定而直接的言行舉止，讓人感受到她的影響力，不難想像她能取得今日的成就。

　　「還有呢？」

　　「丟臉。日本以前有很多當鋪，都是些勢利的商家。人們會去把東西當掉換取金錢，而當鋪總是把當事人看成很需要錢的樣子。所以如果被人看到走進當鋪，就代表你沒有

錢。」

接下來的二十五年，Bookoff 的商品擴展到全方位的消費品，而橋本真由美在其中扮演了關鍵的角色。與此同時，Bookoff 還改變了日本人對二手商品的觀感。這並不容易。首先，Bookoff 必須改變販賣二手物品這個行為的形象。其解決辦法是橋本真由美構想的口號：請把東西賣給我們。對英語人士來說，這聽起來不像口號，反倒向陳腔濫調。但是在日本，它一舉推翻「勢利」的當鋪，為二手買賣樹立起體面與禮貌的形象。今天，日本各地的二手商店門外都貼著這個口號，其中也包括許多 Bookoff 的競爭對手。

再來，Bookoff 把店裡設計得更明亮宜人。「二手書店裡常常很暗，而且只有男人進去。我們需要改變這一點。」橋本真由美解釋說。於是他們把燈都打開，為店裡漆上黃色與橘色，並簡化定價系統，如此一來，不只是勢利的藏書家，每一個人都可以在櫃台後工作。「我們希望讓母親們覺得可以安心地帶著小孩來店裡。我們鼓勵他們在店裡看書。我們還希望他們可以在店裡工作。」

最後，而且恐怕也是最重要的革新，是一項針對顧客進行的培訓計劃。橋本真由美解釋說，人們總認為二手書都髒兮兮的，於是 Bookoff 設計了一個機器，可以清潔髒汙與皺

起的頁面。其結果就是一本宛如新書的二手書，但是價格只有新書的一小部分。隨著賣書給 Bookoff 這個行為逐漸被大眾接受，顧客也開始改變自己的行為。「他們理解到，如果把東西好好愛惜，最後還可以賣掉。」橋本真由美說。「最後我們連那台機器也不需要了。顧客帶給我們的書都完好如新，可以直接放到架上販售。」

　　總部附近有三間 Bookoff 分店，隨便走進一家，都可以明顯感受到這個轉變。書架上整整齊齊地擺著猶如新書的二手書。平裝書的書背上沒有皺褶，頁面潔白，沒有頁角折起。而且不只是書。衣服沒有「慈善商店」常附著的霉味，而且依品牌擺放，潔淨清爽的陳列方式猶如 Uniqlo 或 Gap。在體育商品部，帳篷與露營設備看起來就像沒用過一樣，陳設彷彿迪克體育用品店（Dick's Sporting Goods）。

　　「在我們出現之前，人們把二手物品看成垃圾。而 Bookoff 把二手物品變成了商品。」橋本真由美說。

　　「所以 Bookoff 有點像製造商。它製造了產品。」

　　橋本真由美用力地點頭，說：「沒錯。」

　　到目前為止，還沒有任何美國機構能夠像 Bookoff 那樣，成功改變美國大眾對待家中二手物品的態度。這種現象

情有可原。在美國（與歐洲），大多數的二手物品都會被捐掉，而不是賣掉，因此大多數人沒有經濟誘因去愛惜東西。在美國人眼中，二手物品就是捐贈給慈善機構的東西，而不是（像人們賣二手車那樣）榨取剩餘價值的機會。美國人認為這對窮人有幫助，還可以保護環境，無論出發點是好是壞，這兩個原因都無法讓美國民眾更愛惜東西。根據我個人的經驗，Bookoff 裡賣的東西，品質遠遠超過人們捐贈給美國慈善商店的東西。完全無法比較，真的。

　　這個狀況不太可能迅速改變。用過的東西應該拿去捐給窮人的觀念在北美與歐洲文化根深蒂固；善意企業提高售價或開設高檔精品店時，也經常招來社區民眾的強烈反對，因為大家認為慈善商店的目的是造福當地窮人。

　　與此同時，以營利為主的慈善商店，如 Savers，以及網路二手市場，如 OfferUp、Poshmark、eBay 等，賣掉的東西數量遠遠比不上善意企業，而這個狀況也不太可能改變。凱西・查克的善意企業店裡 0.5 美元的攪拌碗與 2.99 美元的女裝襯衫都不值得在網路上（郵寄費用就超過物品本身的價格了）或營利商店裡販售。如果沒有這個捐贈系統，很多東西都會直接變成垃圾。

　　早上八點，凱西站在善意企業銷售區域中央。她站在走

道末端的架子旁，架子上擺滿了像是木湯匙與塑膠鍋鏟等全新的廚具，轉角處則是成堆的二手鍋子。

「為什麼有全新的商品？」我問。

她瞥向門外排隊等待的人群。現在真的不是深入討論銷售策略的時機。但是凱西很有耐心地回答我：「如果我們不賣，顧客就會去沃爾瑪買。我們不能賣二手浴帽，所以我們就賣全新的，這樣顧客就可以在我們這裡買到大部分的東西。」

「全新的商品賣得好嗎？」

「在我們的銷售量裡占了 8 ～ 9%。」

全新的商品在善意企業的店舖裡激增，不只是出於方便和即時銷售，也是為了提升店鋪在顧客眼中的形象。更加井然有序的陳列以及無菌包裝打破了某些產品骯髒的印象。在零售上有多年經驗的凱西，顯然很高興有這個機會能夠一展身手。

商店開門前，她最後凝望一眼店內，然後走到前門。善意企業不是 Bookoff，也不是沃爾瑪，但是它已脫離車庫拍賣、骯髒的慈善商店與教會地下室等這些美國人對二手店的傳統印象。她打開店門，熱情地招呼顧客：「早安。歡迎。早安。您好嗎？早安。早安。今天全店打五折。早安。」

　　第一批顧客衝過她身邊，去找他們前一天藏好的東西。我等著看有沒有人走去那件藏了兩幅油畫的風衣，但是沒看到人衝過去。兩分鐘後，第一批顧客已抵達櫃台：一對說西班牙語的中年夫婦，推著的兩輛購物車裡裝著一個小狗屋、一盞檯燈、一條紅絲巾、一個全新的鋁箔烤盤、好幾樣塑膠廚房用品、兩個兒童背包（蜘蛛人與忍者龜）、一盒新的棉球，還有三頂新浴帽。

　　收銀員為顧客結帳的同時，櫃台旁邊逐漸堆滿衣架。凱西趁著從陳列櫃上拿出手提包與其他收藏品中間的空檔，把這些衣架收集起來，掛在旁邊已準備好的架子上。「傍晚關門時，我們會有四、五千個衣架。」她說。

　　「多少個？」我以為我聽錯了。

　　「四、五千個。我們會每十個一組包起來，在店裡賣掉。通常會賣掉三百個。」她從櫃台上又抓起一把。「這世界再也不需要製造衣架了。」

　　九點鐘，商店開門一小時後，凱西邀請我進入後面的辦公室。「我們來看看目前為止的成果。」她說。她的電腦上能夠看到第一個小時的成果：總銷售額 1,407.11 美元，70 名顧客。其中 380 美元是紡織品，376 美元是家具。「還不錯，」她說，「比我預期的更好。」但是在凱西的眼中，更

好的是土桑市其他善意企業零售商店開始回報的銷售數字。
在九點鐘，她的店占第一名，接下來是熊峽谷的零售店，位
於高收入社區，銷售量為 1,323 美元。最偏遠的卡薩格蘭德
暢貨中心，位於低收入社區，排在最後一名，銷售額為 73
美元。

　　受到鼓舞的凱西回到銷售區域。今天很多東西都會賣
掉。她的銷售數字會很漂亮，銷售比例會大大提高。「結帳
的隊伍在這裡。」她對著在店裡穿梭的顧客說，引導他們到
忙碌的櫃台隔壁那條走道上排隊。目前為止，慈善商店蜂擁
而至的人就和捐贈中心物資接收處的一樣多。

第四章

好東西

▼

　　在我就廢棄物與回收進行報導的這二十年來，幾乎每週我都會聽到這句話：「一個人的垃圾是另一個人的寶物。」在美國的車庫拍賣是如此，在馬來西亞我家樓下的跳蚤市場是如此，在西非貝南共和國的經濟首都柯多努也是如此。一天下午，我在該市的丹特巴市集上問一位舊鞋商怎麼取得那些宛如全新的特大號 Nike 鞋，他笑嘻嘻地回答：「垃圾就是寶物。」

　　就跟許多諺語一樣，這句話不無道理。但是根據我的經驗，它並非總是正確。就整體情況來看，一個人的垃圾也是另一個人的垃圾。隨著世界上的物品激增，垃圾也越來越普遍。然而，「寶物」受到珍視的程度，遠遠超過其在全球舊貨中的比例。隨便走進一家書店，一定會在書架上找到好幾本如何為收藏品定價的指南（但恐怕找不到為舊餐具與舊腈綸運動衫定價的書）。在美國，隨便找一天晚上打開電視，一定會在某個節目裡看到有個舊貨商碰巧以低價買到價值不

菲的簽名棒球。

　　但是，這個小小的比例正是關鍵。有時候，正是因為有這些占了極小比例的寶物，二手商店或慈善機構才會收下所有沒什麼價值的東西。了解其中的區別，能夠幫助我們理解為什麼要愛惜物品，該怎麼做才能珍惜物品，以及為什麼絕大部分東西會變成垃圾。

　　我的祖父母住在明尼蘇達州聖路易斯公園一棟錯層式房子，離 169 號公路大約半英里遠。我小時候就住在附近的魁北克南大道，常常自己跑去祖父母家，然後總會受到祖母貝蒂熱忱的接待。她通常會帶我去樓上的客廳與廚房。但是如果我可以自由選擇，我們會走下嘎吱作響的木頭樓梯，去地下室。

　　地下室裡滿是東西，而且根據我祖母的說法，大多數都是「好東西」。遠方的角落裡有兩座大型實木餐具櫃（其中一個好像還是她母親以前用的），較近的牆邊擺著一張古董實木折疊書桌（她總會說「這張書桌是要留給你的」），此外還有古董燈座、一座藥品櫃（「這有一天也是你的」），好幾張桌子上擺滿了各種裝飾品與小東西，像是美國總統競選活動別針（「如果當年我已經滿二十一歲，我會投給甘

酒迪」)、花瓶、燭台、明信片、藝術玻璃製品、還有照片等。一張林肯的照片掛在一面牆上,一張拿破崙的畫像掛在另一面牆上,一盒裝框的硬幣收藏掛在樓梯附近,除此之外還有各式各樣的圖像分散在牆面上,大多是風景圖。

如果你有幸被邀請進入地下室(不是每個人都有這個榮幸),她可能會與你一起探索這些物品,而且好奇心不亞於第一次造訪的你。而當你拿起某一樣東西,比如說一個古董金屬製品,詢問她是在哪裡找到這個東西的,她的回答幾乎總是一樣:「那已經是好久以前了。大概是哪個舊貨拍賣吧。」

我祖母對於收集的熱情起源於移民背景。她的父親亞伯·雷德從俄國來到美國時一無所有,沒有教育背景、沒有英語知識、沒有可在美國應用的技巧。於是他跟上百萬俄裔猶太人一樣,成為舊貨收集商,在德州加爾維斯頓的大街小巷收集可以再次出售的廢棄物。一開始,他只收集不要的衣服、床單、被套等。但是沒過多久,他就有足夠的資金買入金屬、紙,最後甚至還有「古董」與收藏品。這些東西都具有潛在的規則:無論是舊黃銅廚浴水管或是橡木餐具櫃,賣家都不知道東西的實際價值,而亞伯·雷德要不就是知道其實際價值……要不就是自認他知道。

　　亞伯・雷德有五個小孩，我祖母排行老三，他們都曾在家族的回收事業工作過一段時間，而他們多少都成了收藏家，捨不得丟掉東西，畢竟他們相信買到這些東西所花的錢，遠低於它們的實際價值。對於親身體驗過移民與經濟大蕭條的人們來說，低價買來的東西能夠為他們帶來安全感與身分認同感。

　　如同我在第一本書《一噸垃圾值多少錢》中描述過的，我最早的記憶就是跟父親走在我們家的廢金屬倉庫裡查看存貨。倉庫裡滿是值錢的東西：當地製造商剩下的金屬材料、修理廠不要的舊汽車散熱器、電工賣給我們的成綑電線。而當我過一兩天後再去倉庫時，那些東西都不見了，因為已經賣給出價更高的人了。

　　我還有另外一種兒時記憶。

　　黎明之前，我坐在祖母藍灰色長型轎車的副駕駛座上，跟祖母開車出去。我們停在市郊一棟一層樓的房子前，關掉頭燈，等待。收音機裡輕聲流露出清談節目的聲音，祖母在報紙上的分類廣告搜尋附近的車庫拍賣，紙張沙沙作響。房子的車庫門打開時，她闔上報紙，我們走到車道上，後面跟著其他提前到達的訪客，希望能撈到寶物。我記得擺滿了胸章的盤子，胸章上鑲著紅寶石般的石頭，而我祖母會跟屋主

討價還價，其他人則湊過來看是否錯過了什麼東西。我們離開時，手上總有「好東西」。

當時是 1970 年代中期，美國的車庫拍賣才剛興起。根據歷史學家與探討美國廢物歷史的《廢物與需求》（*Waste and Want*）一書作者蘇珊・史塔斯（Susan Strasser），「車庫拍賣」一詞於 1967 年出現，「用於在口頭上區分慈善事業的舊貨義賣和以營利為目的的車庫或庭院拍賣。」慈善義賣出現於 20 世紀初，當時大量生產使富裕的美國人能夠擁有比實際需求更多的東西，於是他們把多餘的東西捐給教會或其他慈善機構，而這些機構再把這些東西賣掉，以資助慈善工作。我的祖母為全國猶太女性委員會經營一間慈善商店好幾年，私底下也出於自己的樂趣與營利尋訪車庫拍賣。當時有很多車庫拍賣，根據史塔斯的說法，到了 1981 年，美國人每年舉辦六百萬場車庫拍賣。

1960 與 1970 年代，人們出於各種不同的原因造訪車庫拍賣。 1950 年代出現的美國反主流文化在美國年輕人之間啟發了一波反物質環保主義，於是有些人將車庫拍賣視為避開消費型經濟的一種途徑。有些人則覺得懷舊經典物品可以讓人回到更簡單、更遠離物質主義的過去。還有些人把車庫拍賣視為更有趣、更與眾不同的購物經驗，有別於美國經濟

蓬勃時期購物中心與百貨公司裡一成不變的商品。對於將自身形象定義在美國主流文化之外的個人來說，車庫拍賣則是為自己塑造出反主流文化身分的工具，儘管車庫拍賣上的物品勢必也來自於大眾市場。

　　隨著這些叛逆的年輕人成為富裕的嬰兒潮一代，車庫拍賣與慈善義賣的東西也打入高檔市場。 1997 年，美國公共廣播電視（PBS）開始放映《鑒寶路秀》美國版。在這個實境節目中，收藏家會把家中的古董帶到節目現場給專家評鑑，希望自己的古董是價值連城的珍寶。這節目很紅，並啟發了像是《尋寶雙星》（*American Pickers*）等第二代、第三代的尋寶節目。

　　我祖母很愛看這些節目。《鑒寶路秀》來到明尼蘇達州時，她很急切地想參加，甚至還帶了一個花瓶去評鑑。但是節目工作人員請她上鏡頭時，她拒絕了，說她「不需要被關注」。不過到了 1990 年代晚期，她早已退出車庫拍賣的事業，因為她有更好的貨源，比如我父親的回收場。她在這裡可以找到黃銅花瓶或其他金屬物件，這些東西在她眼中比金屬本身更有價值。但是她也覺得，我們以前在黎明時分買到的「好東西」已不存在了，而且價格還不便宜。她說有太多古董商在搶寶物，值得收藏的東西比以前少多了。「跟以前

已大不相同。」

　　明尼蘇達州斯蒂沃爾特的主街與聖克洛伊河平行，街道兩旁是 1860 年至 20 世紀初期建造的雙層或三層磚造建築，看起來十分美麗。這些建築大多是由當時興盛於此地的伐木公司所建，這些公司替中西部地區供應木材，包括 35 英里遠的明尼阿波利斯。其他建築以前是製造工廠，過去曾經仰賴聖克洛伊河與密西西比河相連的優勢在此蓬勃發展。

　　沒有什麼會恆久不變，尤其是仰賴於有限的自然資源的經濟。有一天，樹木被砍光了，製造工廠也倒閉了。後來，一間間的古董店利用當時低廉的租金與房價，搬入這些高雅的磚造老建築，而在明尼蘇達州與西威斯康辛州各地小鎮裡能找到的古董，也跟著被搬了過來。這個新事業開始成長。到了 1990 年代初期，斯蒂沃爾特大概有三十間古董店，其中許多間店賣的東西，也許就是全盛時期在此地所製造的產品。這附近雙子城的居民通常喜歡週末來逛這裡的古董店。

　　但似乎就連古董店也沒落了，斯蒂沃爾特現在只剩下六間古董店。這個趨勢不只出現在聖克洛伊河岸。過去二十年，明尼蘇達州的古董店減少了兩成左右。這也反映出一個國際趨勢。《鑑寶路秀》現在開始為早期出現在節目上的古

董重新評鑑價值，而它們大多不如以往值錢了。因為《鑑寶路秀》而出名的古董評鑑家大衛‧拉奇認為，傳統的美國與英國家具一度是古董店的主要商品，近年來的價值跌了50%～75%。[17]銷售全球最高檔市場收藏品的拍賣行佳士得，也見證到某些傳統歐洲家具的價格在不到一個世代的時間內就跌了70%；過去，加士得拍賣的一張椅子可以達到100萬美元。

在主街南端離遊客進城的地點不遠處，是一棟高大的三層樓建築，本來是間家具店，後來是間葬儀社。1991年，對街一間古董店買下這棟建築，將之轉變為中城古董商場（Midtown Antique Mall），據說是方圓幾百英里內最大的古董商場。

其磚牆外觀在斯蒂沃爾特並不特別，但是走進玻璃門後，你會發現自己置身於寬敞的雙層空間，第二層的陽台掛著過時的風景畫、老舊的廣告牌、一套日本絲綢，以及好幾座鐘。第一層的地面上滿是陳列櫃與桌子，展示著各式各樣的東西，有瓷器、有藝術玻璃、有廣告牌、有珠寶。它們大

---

17 Houston Public Media Staff. "Are Millennials Behind Price Drop in Houston Antiques?" Houston Public Media, June 6, 2017. https://www.houstonpublicmedia.org/articles/news/2017/06/06/203563/tuesday-air-are-millennials-behind-price-drop-in-houston-antiques/.

多是從雜亂地堆滿住家、公司或教會的閒置物品中被挑出來賣的，因為人們認為這些東西可能還有價值。

大多數時候，是迪克·瑞科特在看店，他是一個七十多歲、身材削瘦的古董商。他表情豐富，有著蓬亂的白髮與鬍子。「我們這裡有一百五十萬件商品。」他說，同時領我經過收銀台，走進商場。他從 1990 年代初期就開始在這裡賣古董了。「我打賭沒有人可以反駁我這句話。」迪克不是商場的經營者，經營者是此刻坐在收銀機旁的茱莉，但是你能感受到他對這商場懷有熱忱，就像是牧師在帶領遊客參觀他們的教區教堂一樣。

迪克一邊領我上樓，一邊解釋說，古董商場背後的概念其實就跟合作公寓差不多。在中城古董商場，商家須繳付租金，以及每一場交易所得的 2%，每個月還得花一定的時間看管商場與櫃台。商場則負責燈光、暖氣、保全與行銷的費用，收集營業稅，並繳付信用卡帳單。這個模式於 1990 年代興起，當時「古董」與古董商開始供過於求，於是獨立的小型古董店紛紛倒閉。後來，在競爭與利潤縮減的情況下，許多還有存貨的古董商不得不遷至大型商場。

管理古董商場並不容易。古董商之間的競爭有時很激烈，尤其是收藏興趣類似的古董商之間。「我可以私下告訴

你。」迪克說,他搖搖頭,領我快速走過一堆童書、經典服飾、成堆的《生活》雜誌、瓷器與玻璃製品。他轉進一個隔間,兩邊的牆上滿是《星際大戰》、《王牌大賤諜》與《星際爭霸戰》的可動玩偶。「二十年前,我們不會讓這種東西進商場。」他說,「現在呢?人們喜歡買兒時玩過或用過的東西。這已經停產了,所以我們就讓商家賣。不是我喜歡賣的東西,但是我們得跟上時代。」他繼續走,經過一個個展示著古董玻璃與珠寶的陳列櫃、一個個掛著經典服飾的掛衣架,最後停在一個擺滿古董茶杯與茶托的陳列櫃。

1990 年代,小型的獨立古董店開始一間間倒閉,於是古董商搬進大型的古董商場。明尼蘇達州斯蒂沃爾特的中城古董商場也許是上中西部最大的古董專賣商場。

「那你喜歡賣什麼？」我問。

「這些日子嘛，彩繪玻璃。但是我跟我老婆以前賣很多家具跟娃娃。」

我凝視那些茶杯與茶托。「我祖母喜歡收藏茶杯。」我說，回想起她擺設在廚房外的展示架。

「現在沒有人要了，抱歉。二十年前，我們一個茶杯可以賣 20 ～ 40 美元。現在呢？」他指向一個小牌子：五折。他走到陽台上，指向樓下窗戶前的桌子。「看到那邊了嗎？都是康寧玻璃。」桌子擺滿了印花砂鍋、攪拌碗與其他耐用玻璃製品。 1950 與 1960 年代製造的產品現在非常受到喜愛，尤其是年輕美國人，有時一個商品可以賣好幾千美元。「去年，櫥窗裡擺的還是維多利亞玻璃。」

我差一點就想說我祖母熱愛維多利亞玻璃。不過看來他早就知道了。「會買維多利亞玻璃的人都不在了。品味在改變。現在人們喜歡買他們兒時用過的東西。」

「我兒時家裡也用康寧玻璃。」我告訴他，回想起了母親棕色的攪拌碗。「但是我不想要，尤其是用那種價格。」

「你可能不想要，」他說，「但是，相信我，我們這裡有顧客想要。」

幾十年來，收藏品市場的存在不無道理。對於獨特而珍

貴物品的需求超過供應，因此收藏品的價格居高不下。但是什麼東西才「獨特而珍貴」，最近已逐漸轉至低檔市場。由懷舊的古羅馬貴族所找出的古希臘雕像勢必很稀少，因此其價格過去高，現在也高。但是一個完好如新的《星際大戰》原裝玩偶呢？它們有時可以賣到幾萬美元（2015 年原裝的波巴・費特玩偶能賣 27,000 美元），儘管世界上有數百萬個已拆封的玩偶。這個原裝的溢價在五十、一百或兩百年後依然會這麼高嗎？我想不會。

工業革命開始時，沒有人預見到大量生產會導致收藏與鑑賞的大眾化。到了 20 世紀中期，每個人都可以擁有珍貴的物品，以及某種程度上稀有的物品。

迪克領我走到另一個展示櫃，裡頭擺滿了喜姆瓷偶。喜姆瓷偶是德國出產的小型陶瓷娃娃，大多數都是小孩子的形象，於 1930 年代以所謂的限量版本生產了好幾千個。 1970 年代，收藏家（大多是從戰後經濟受益而擁有現金的美國人）開始收藏這些瓷偶。「以前一個可以賣到 300 ～ 400 美元。」迪克說，指向一個「四折！」的牌子。「現在這些鬼東西打幾折都不夠。」他把雙手攤開。「娃娃。我老婆跟我以前在 90 年代賣娃娃，每週末可以賺進 2,000 ～ 4,000 美元。現在根本沒人要買。」

「為什麼？」

「懷念過去啊。有好幾年，這些人有多餘的錢，房屋貸款付完了，小孩大學畢業了，所以他們就買娃娃。」接著這些人年老去世了，這些量產商品的價格也回歸到實用價值，而非懷舊價值。而大多時候，它們的實用價值就是零。

「那二十年後什麼東西會有價值？」

「現在賣不掉的那些橡木家具？我們砍光了密西根的樹林製造這些家具，現在擺在三樓。」他指的是商場的家具展示廳。「我心痛死了。」

迪克把我介紹給茱蒂・格柏，一位在美國中西部已有幾十年買賣收藏品經驗的古董商。多年前，她還定期造訪農場法拍活動。「農場裡沒有洗碗機，所以也沒有洗碗機把玻璃器皿洗壞。」她解釋說。「而好玻璃很好賣。」更棒的是，小村裡沒有人想要那些玻璃，也沒有多少古董商在競爭。「所以我花 10 美元就可以得到五箱的玻璃器皿，而裡面通常就會有個高腳杯可以賣到 40 美元。」

這些日子，從鄉下農場賣掉的東西跟明尼阿波利斯市郊住屋內的物品大多一樣。多虧了大眾市場的出現，市郊居民與農場居民幾十年來買的東西都一樣。

「70 年代的東西，我以為現在很熱門。」我對坐在格

柏旁邊的琳達・漢伯格說。她也是有幾十年經驗的古董商。
「是新是舊無所謂？」

　　她大笑起來。「噢，我的天啊。我們這裡常有人抱著成
箱的東西來，因為是祖母的東西或者因為已經有一百年了，
所以他們就覺得應該很有價值。我就得告訴他們：『那套陶
瓷餐具是包含在一袋馬飼料裡的，好吸引人們買馬飼料。』
對上百萬的人來說，家裡什麼古董都沒有才更奇怪。」

　　「那現在還值錢嗎？」

　　「還行吧，也就值那些錢？」

　　迪克・瑞科特跟我穿越一個個掛滿經典服飾的掛衣架，
走樓梯上三樓。昏暗的光線反射在幾乎一望無際的實木家具
上。這裡想必至少有三百座餐櫃、衣櫃、桌子、椅子。我們
走在旁邊，年老的木製地板在腳下嘎吱作響。

　　古董家具在數量上與價格上不如以前好賣的原因，是
美國年輕人自己擁有住屋的比例下降了，如果需要從一間公
寓搬到另一間公寓，沒有多少人會想要一座好幾百磅重的衣
櫥。同樣地，玻璃外牆的公寓大樓與其中的落地窗也改變了
居家裝潢，尤其是對一度渴求大型棕色實木家具的高檔顧客
來說。極簡與現代的設計往往更適合這樣的空間，而非設計

用來占據一整面牆的維多利亞餐具櫃。

　　但是最重要的因素也許是顧客族群：珍視大型棕色實木家具的一代，現在都在搬家或死去，留下這些過多的物品。如果哪個年輕人想要一座維多利亞大衣櫥，祖母家的地下室就有一個。如果自己的祖母沒有，別人的祖母家也會有。

　　「實際一點，」迪克說，一手指向三樓那上百件家具，「現在沒有人想要一套橡木餐桌椅了。但是有這麼多，你根本賣不掉。」

　　身材魁梧、八十多歲的家具商戴爾‧肯尼對我們皺個眉。「我要退出了。」他邊說邊虛弱地與我握手。肯尼本來是西北航空的機械師，幾十年前，他母親給他幾件家具去賣，他便逐漸進入古董買賣這一行。西北航空的機械師罷工時，他開始投入更多時間經營這個事業。「我們在這一行已經很久了，我從二十還二十五年前就在做買賣了。現在我們都老了。」他指向一個高雅的實木剃鬚架。「這東西。以前一個剃鬚架可以賣 25 美元。現在只是家裡的雜物。也沒有人想要古董摺疊書桌了，因為根本沒辦法放電腦。」

　　我在他的商品展間閒逛。過去可能會被倍加珍惜而當成傳家之寶的橡木桌，標示的價格還比不上一支新 iPhone。一張橡木椅上躺著一個積滿灰塵、破舊的人造皮革單肩包，上

面印著西北東方航空的標誌。二世次界大戰後,西北東方航空開創了美國與亞洲之間的航班。2002 年我搬到中國時,就是乘坐西北航空(他們於 1986 年去掉了「東方」這個詞)。自此以後,我已乘坐西北航空與達美航空(達美航空於 2008 年併購了西北航空)飛越太平洋好幾百次。在此期間,我便對早期、據說應該是更豪華的跨太平洋飛行時代產生興趣。那破舊的單肩包定價為 30 美元。「我要買這個,」我告訴戴爾,「在樓下結帳嗎?」

　　在 9,000 英里之外的馬來西亞八打靈再也阿瑪廣場(Amcorp Mall)昏暗的底樓中,阿薩里娜·查克利亞站在三張摺疊桌旁。她戴著一條紅色頭巾,一身寬鬆的黑衣褲,雙手交握地站著,眼看顧客從一個攤子走到另一個攤子,享受著馬來西亞最棒也最大的週末跳蚤市場。她的桌上擺著各式各樣的東西:金屬小玩具車、老舊的黑白照片與明信片、盤子、杯子、不鏽鋼碗、打字機、舊咖啡罐,還有米老鼠塑膠模型。

　　我四歲的兒子在看攤位上的金屬小玩具車時,我翻閱一疊看起來像幾十年前拍的舊照片。大多數都是一個六口之家在鄉下的照片。其中一張,他們緊靠在一起,站在一間小房

子前，背景是幾棵橡膠樹。對於某些地方的某些人來說，這些照片不僅是令人好奇的商品，還是家族的歷史。「你是在哪裡找到這些照片的？」我問。

「我先生跟我會旅行到馬來西亞各地。我們會去柔佛、昔加末等各式各樣的地方，然後敲門問當地人有沒有東西要賣。我們在舊城有一間店。」她指的是八打靈再也熱鬧的老城中心，距離吉隆坡只有幾英里。「我們的家具大多都在那裡。」

這就引起我的注意了。除了有幾個小家具商每週會把沉重的家具運來跳蚤市場外，阿瑪廣場的一樓還有兩間專賣古董實木家具的店。較大的那一間會在週末把最好的家具推到店面前。今天它的門前擺著好幾座實木矮衣櫃、梳妝台、衣櫥、藥品櫃，還有一個實木雕花吧台。我一直以為這些家具的需求並不多，就跟斯蒂沃爾特一樣，但是阿瑪廣場的低廉租金讓商家能夠維持生意。「人們對家具有興趣嗎？」

「人們愛極了。」她說，「所以我們才會賣啊。問題只是要找到這種家具。」她指向一個實木小陳列櫃，上面擺著一台留聲機。「這我在馬來西亞根本買不起，要 2,000 ～ 2,500 令吉（約 490 ～ 610 美元）。」

「所以你是挨家挨戶去找？」

「辦不到。我們進口。如果我從英國買一整個貨櫃的舊家具，只要花 1,000 令吉左右（約 245 美元）。」她朝對面店家的實木家具點點頭，彷彿已猜到我接下來要問什麼：「他們的也都是進口的。」

我從來沒想過阿瑪廣場昏暗的底樓會是全球二手物品的貿易中心。這裡還有一間超市、好幾間小餐廳，以及幾間黑膠唱片店。

「你通常進多少貨？」

「買得起多少我就進多少。」

我想起中城古董商場的三樓，以及裡面用密西根的木材所建造的過時橡木家具。「你也從美國進口嗎？」

她露出微笑，搖搖頭。「沒有認識的美國人在賣。」

我打開手機，給她看中城古董商場三樓的照片，她的眼睛為之一亮。

200 英里遠，在新加坡舊城區常見的多彩、狹窄、兩到三層樓高的街屋，陸文良正低頭吃著麵。三十九歲的他是 BooksActually 的經營者。在全亞洲公認最佳的眾多小型書店中，BooksActually 也在其中。BooksActually 也經營一間小古董店，就在書店後方，專賣當地的老文物。

陸文良身高中等，頭髮蓬亂，臉上的表情像是既惱怒又高興見到你。有時候兩種情緒很難區分，直到你開始跟他交談。只要他有片刻的時間，陸文良其實非常熱情健談，尤其如果是聊到他深愛的國家。

「在新加坡，想要人們接受二手物品很有難度。」他告訴我。在新加坡的多元民族中，以華裔占多數，而陸文良也算是其中一分子。「在中國的文化裡，如果你用二手貨，是很丟臉的事，表示你的境況不好，」他搖搖頭，「在中國的農曆新年，大家都要穿新衣服。」

自新加坡於 1965 年從馬來西亞獨立出來後，這一直是新加坡人根深蒂固的觀念。當時，沒有人預期這個小小的國家會超越其人口更多、資源更豐富的鄰國。但是這個狀況真的發生了。短短六十年內，它從一個熱帶蠻荒的落後港口，轉變為國際銀行與運輸中心、跨國企業的地區樞紐，以及亞洲幾間新創公司的研發中心。政府清廉有效率，國民生活品質高。

然而，在這麼短的時間內達到這樣的成就，新加坡也付出了相應的代價。在追求經濟發展的同時，新加坡剷除了它的歷史。村莊消失了，取而代之的是公共住宅（HBD），也就是政府組屋；墓園變成了暫時安息處（好騰出空間給下一

波往生者）；所有從那原始沒落時代遺留下來的物品，無論是過時的電纜還是黑白電視，不只是過時而已，還被視為陳舊思想的象徵產物，必須被捨棄。

「過去二十年變化太大了。」我們在傳統街屋裡的中餐廳裡吃午餐時，陸文良有些忿忿不平地說。「我還記得我們二十年前買的餐桌。它用了好多年，一直用到我們搬家，想要張新桌子。」他夾起一團麵，送進嘴巴。「現在新加坡人丟掉好多東西。前幾天我們家附近有人把一張宜家的松木邊桌丟掉了。很漂亮呢，但是我沒撿回來，因為沒地方放。」

陸文良不是那種會捨棄一件好家具的人。「我有點像囤積狂，」他坦承，「鉛筆啊、尺啊、辦公用品啊，還有磚塊。」

「磚塊？」

「新加坡曾經自己製造磚塊。磚塊建起我們的國家，現在它們到處都是，用來當作門擋之類的。」他熱切起來。「我們製造 A1 磚塊，還有其他很多種。你可以在舊磚頭上看到商標。現在新加坡的磚塊是進口的。我收集的是以前的磚塊。」

很少有囤積狂能為一整屋的東西找到實用價值，更別

說是古典磚塊了 [18]。但是陸文良在 2006 年創立 BooksActually 後，他發現即使擺著書，店裡依然太空蕩。「所以我就把家裡一些舊東西帶過去。」像是古老的計算尺，然後擺在店裡當裝飾。很快地，顧客開始產生興趣了。「顧客會問那西東西賣不賣，」他笑著說，「他們不買書，但是會買一把木尺。」

無論把書店開在哪裡，賣書都是個不太好做的生意。所以當陸文良看到年輕顧客有興趣購買新加坡過往歷史中的日常用品，他開始去挖掘更多寶物。新加坡政府會定期重建組屋，讓屋主搬進新公寓；在這個過程中，往往有很多東西會被捨棄。

「我就是這樣開始我的『卡朗古尼』（karang guni）工作。」陸文良說。卡朗古尼是馬來語，指的是拾荒的流動舊貨商。在新加坡，就跟歷史上其他地方一樣，舊貨商位於社會的最底層。但是陸文良不在意，因為被淘汰的組屋猶如博物館，藏著這個國家一度渴求的物品。「這是個骯髒的工作，要在垃圾裡挖寶。」他告訴我。「但是你不會相信我都找到些什麼東西。 1920 年代的相簿，為什麼要丟掉？我會

---

18 據我所知，新加坡至少還有一位磚塊收藏家。她大約二十五歲左右，活躍於新加坡的文學與藝術界。

撿回來，賣掉。」

　　稍後，我們坐計程車經過高檔的精品店與旅館時，我問陸文良，為什麼在經濟繁榮的新加坡會有人想要從普通人居住的組屋中找出來的東西。

　　「懷念過去吧。」他說。「人們懷念過去的往事。我們沒有歷史，我們的歷史只能追溯到 1965 年。我們沒有足夠的歷史，所以人們找東西來代表歷史。最近熱門的是打字機。都是出於這個原因。」他從口袋裡掏出一支新款 iPhone，打開網頁輸入「拍立得相機」，點進一個 Google 搜尋頁面後說。「八、九年前，沒有價值。現在一台要 200 美元。」他給我看一張照片，是 1970 年代生產的小型拍立得。

　　「我父親以前有一台，」我告訴他，「真希望我還留著。」

　　計程車停在一個擠滿二手攤販的徒步區前。他們坐在塑膠帆布與餐廳陽傘下，商品陳列在攤子上。我看到成堆的衣服與鞋子、老式 DVD 播放機與行李箱、滿是閃亮小東西的展示盒，不時還有電熱茶壺擺在破舊的原裝紙盒上。有人在賣拐杖，也有人在賣箱子，那些箱子堆了 6 英尺高，還罩著黑色垃圾袋。這裡看起來很凌亂，還有點骯髒，不太像新加坡。

陸文良付了計程車費，領我慢慢走上街。「以前，我父親跟我說，如果我掉了什麼東西，東西隔天就會出現在這『小偷市場』上。」他說。帆布與陽傘下坐在摺疊椅上的人看起來不像小偷。這些人大多上了年紀，看起來就跟明尼阿波利斯市郊老年照護設施的住戶一般無害。我想，如果有什麼東西是偷來的，大概也不是他們偷的。新加坡的「小偷市場」現在被稱為「雙溪路跳蚤市場」（Sungei Road Flea Market）。這裡是個中繼站，是新加坡人遺失、販賣或送出的東西找到新主人的地方。「你們有車庫拍賣，」陸文良說，「我們沒有車庫拍賣。這就是我們的車庫拍賣。」

我們沿街遛達時，一輛摩托車慢慢沿街開過去，後座上綁著兩個塞滿東西的垃圾袋。「新商品。」陸文良說。我們停在一張擺滿舊摺疊手機的小桌子邊。直到如今，這類手機還能正常運作，但是新加坡正在逐步淘汰這種手機所需的服務，因此算得上是完全過時了。桌子後面穿著背心的老人把一支 Motorola 舊手機推向我，說：「這很不錯喔。」

「買了能做什麼？」

「收集啊。」

陸文良跟我繼續往前走。「雙溪路曾經是現在的兩倍大，但現在房地產太貴了。」他指向對街新建成的地鐵站。

「再過幾個月，這裡就會整個拆掉了。」我們在藍塑膠帆布棚下方的兩張摺疊桌前停下。桌上滿是老舊的數位相機與過時的摺疊手機，還有幾個鈴鼓與幾袋童書。陸文良瞥見一個夾鏈袋裡面滿是舊時的兒童超級英雄遊戲卡，說：「X 世代會很喜歡。」他用 12 美元買了五包，然後走到下一張桌子，買了五包過去在社會課、合唱團等用來獎勵學生表現優異的「獎勵胸章」，也是人們會喜歡的懷舊小物。「利潤還比書籍更好！」

我們繼續走。「外籍勞工是這裡的大買家。」他解釋說，意指驅動新加坡的建築計畫與服務產業的印尼與南亞移民。「他們會買衣服、手機、鞋子等真正用得到的東西。」我們停在市場的尾端，看到成堆舊鞋攤在成堆舊牛仔褲旁的塑膠帆布上。兩名穿著藍色建築工人制服的印尼工人正在鞋堆裡翻找，其中一個人手裡拿著四雙鞋。「他們會帶回印尼去賣。」陸文良說。復古的獎勵胸章與過時的手機不是他們會買的東西，那是有錢人才會買來懷念的二手商品。

稍後，在 BooksActually，陸文良領我走到收銀台後，這裡陳列著大多數要出售的古董。其中一面牆滿是玻璃製品與瓶子，因為其形狀或品牌而充滿懷舊風味。還有一個小木盒裝滿「懷舊鈕扣」，五個賣 1.5 美元。陸文良指向一個木箱

子，裡面都是 1980 年代的印度音樂錄音帶。「我剛開始『卡朗古尼』時不拿錄音帶。畢竟，誰會買錄音帶？但是我有空間，所以後來我就開始收集。真的有人買。」他拿起一捲《拉塔曼吉茜卡精選輯 2》。「有些錄音帶對人們來說意義重大。」

他伸進箱子想拿另外一捲，但是注意到收銀台前有顧客，於是前去為顧客結帳。我看著他走到櫃台後，然後望向店中央桌子上堆得高高的書，以及看起來彷彿朝店中央靠攏的書牆。就跟錄音帶一樣，在一個電子螢幕更加普遍的未來，有些書將對人們來說意義深重，有些甚至將成為珍本，人們將回想起昔日的新加坡，記得當時有間 BooksActually 曾是懷舊運動興起的中心。但是對人們來說過去重要的事物會隨著時間改變，而那些書大部分會逐漸被邊緣化，書角折損、頁面泛黃。

1990 年代，網路似乎準備好讓二手經濟在美國經濟中變得不容小覷甚至占主導地位。最大的功臣非 eBay 莫屬。eBay 是史上最早出現、最成功的網路拍賣平台之一。 eBay 於 1995 年 9 月成立後便迅速成長。 1997 年，它舉辦了兩百萬場拍賣。到了 2000 年代中期，它擁有上億名註冊用戶，市

值達數十億美元，超越了生產如汽車等新產品的「舊時經濟製造商」。一位早期研究網路成癮的學者主張，1990 年代末期，「網路拍賣成癮」占所有網路成癮個案的 15％（網路色情成癮占第一位）。但是當人們從網路上得知某些物品其實不如想像中稀少，人們便不再沉迷於舊貨的稀有性和其潛藏的價值了。

「你看到某個東西，以為很稀少珍貴，」迪克・瑞科特跟我解釋，「一開始價格會上漲，然後穩定下來，把我們一起全拉下去。」隨著尋寶的魅力褪去，網路拍賣成癮的個案也減少了。Facebook、Twitter（現已更名為 X）、Netflix 等娛樂網站擄獲網路用戶越來越多的時間。

所以，在網路上拍賣普通的舊貨無法成長為穩定的生意。想要做到這一點，就必須有許多價格固定、品質穩定的產品。於是，eBay 這幾年揮別過去，開始大力銷售新品。我與 eBay 聯絡，希望能夠談論它在全球二手產業的角色時，一位發言人婉拒我的採訪。他表示如果接受採訪，「可能只會加強 eBay 主要是個二手市場的印象。」這一陣子，該發言人寫信告訴我，在 eBay 上「超過 84％」的產品是價格固定的新品。

當然，這並不表示網路二手市場已走到盡頭。智慧型手

機造就出全新世代的服務平台，販售二手物品比以往簡單多
了，而這也使得用 eBay 拍賣舊貨成為了過去式。在主導美國
市場的二手交易應用程式 OfferUp 上，用戶只要把想賣的東
西拍照上傳就夠了。在電話訪談中，OfferUp 的執行長兼創
辦人尼克・胡薩告訴我，他是在注意到「善意企業可以這麼
快賣掉那麼多東西」後，才有了創辦一個二手交易應用程式
的點子。

「你們的競爭對手是善意企業嗎？」

「不算是。我們只是擴大市場。」

「這市場有多大？」

「天上有多少星星？」

但是胡薩並沒有不切實際的幻想。「我們最大的競爭對
手是時間。」他告訴我。就算你擁有整個車庫的舊物，從耙
子到三輪車都不缺，恐怕也不值得花時間一個個拍照，然後
傳到 OfferUp 上。

如果是使用了兩年的 iPhone 呢？應該立刻就能賣掉。問
題是，從雜物的角度來看，iPhone、好家具以及其他的「好
東西」只占了全球人口家中雜物的極小部分，為了賺錢而清
除雜物根本不划算。那麼在網路上販賣新品呢？根據胡薩
的說法，OfferUp 上賣的東西有 25％是新品。隨著時間的推

移，這個比例還會增加。

第五章

斷捨離

▼

　　韓靜子站在一輛卡車旁，卡車上滿是櫃子、椅子、咖啡桌，家具之間還塞著裝滿東西的紙箱。她身後的樓梯上，清理的工作仍在進行。「我們當初應該再開一輛卡車過來。」她說，氣惱自己判斷錯誤。「我們現在會把更多東西拿去賣掉。」促使日本人重複使用物品的原因，包括清理個人物品費用昂貴，以及二手商品全球化。

　　韓靜子指向對街大樓前成排的花盆，說：「那些我們會帶走，用十個 100 日圓（約 1 美元）賣掉。」她還告訴我，旁邊的木長椅可以賣到非洲，但是她收集到的大多物品會被運到菲律賓。「菲律賓人很喜歡日本的產品。」她解釋。

　　長期以來，日本對品質的講究都是日製商品的最大賣點。另一個很少被提起卻同等重要的，就是日本「使用」的商品也有很多人想要。「所以如果有個東西是在中國製造的，但是被日本人使用，別的地方的人也會認為是好東西。」《再利用商務報》的濱田里奈解釋。尤其是在東南亞國

家，許多人鍾愛日本貨，卻往往支付不起新品。

　　稍後，韓靜子驅車沿著大和市一條長長的大道行駛。放在她腿上的 iPhone 報出導航指令時，她與我閒聊工作上的事情。明天她要去清理一間房子，屋主是一位二十六歲的女性，前陣子自殺身亡。僱用韓靜子的是那位女性的父母。她感慨地說，他們能為女兒做的就只有這些了。「最近有很多自殺的人，」她告訴我，「我們經常在工作的過程中找到抗憂鬱的處方。」

　　她在一間紅龍蝦餐廳的對街左轉，將車駛進一個停車場。在不遠處立著高高的、亮著燈的指示牌：「村岡」。指示牌下方是一個店面，以前似乎是加油站。裸露的屋頂木梁下，我猜是以前加油機所在的地方，旁邊還有一間展示廳，也許曾經是加油站的商店或結帳櫃台。一輛堆高機正運著一個棧板，棧板上有一個小冰箱、一張高腳椅、一座松下小型對流烤箱。它停在一個 12 公尺高的貨櫃前，貨櫃裡已經滿是箱子、家電與家具。明天早上，貨櫃就會運去菲律賓。

　　這間公司的老闆是身材精瘦、活力十足、六十七歲的村岡哲明。他走過來，熱情地與韓靜子打招呼。對他來說，為他店內的居家用品提供穩定貨源的韓靜子是個好顧客。他們一起走進主展示廳，停在一張標價 700 日圓（約 7 美元）的

藤椅前。這藤椅也是韓靜子賣給他的。我問她村岡哲明花多少錢向她買下藤椅時，韓靜子笑起來，說：「很少，幾乎是免費。」

村岡哲明的店裡主要是舊電腦與舊螢幕，有些甚至是1980 年代末期製造的。（「工廠需要零件給他們的舊產品。」他解釋說。）他在這裡從事電腦維修已經有二十年了，心想這個行業一直會有未來。「然後這東西出現了。」他邊說邊從口袋裡掏出一支包著粉紅色保護套的三星 Galaxy 智慧型手機。過去十年，隨著大眾轉向行動網路，對於電腦與電腦維修的需求驟然下降，於是村岡哲明需要尋找新商機。「我認識有人把二手商品運到菲律賓。」他聳聳肩說，「我就跟他學嘍。」

於是他前往菲律賓，造訪販賣或拍賣日本產品的批發市場。「買家給我看他們想要什麼東西，」他說，「他們還教我怎麼把東西緊密地包裝到貨櫃裡。」回到日本後，他開始向清屋公司買舊貨，也跟單純想清掉東西的個人買。最近幾個月，他甚至自己也進入了清屋產業。然後，他每個月都會透過一個中間人把 3 ～ 4 公噸的東西運到菲律賓，這中間人有能力讓貨櫃通過菲律賓惡名昭彰的腐敗海關。

他的故事並不稀奇，尤其對韓靜子來說。韓靜子沒在

忙著清理房屋時，還會舉辦研討會，說明如何進入清屋這一行。「年紀大一點的人覺得清屋很簡單，很容易賺到錢。」她禮貌地微笑說。不過，這一行在未來可能就沒那麼簡單了，因為清屋專家協會正在與日本政府合作，想創建正式的資格認證制度。

韓靜子與村岡哲明閒聊時，貨櫃也封起來了。「菲律賓的市場不會恆久不變。」韓靜子告訴村岡哲明。「等到他們富有起來時，就會想要新的東西。然後呢？」實際上，這個狀況以前就發生過，泰國曾是日本二手商品的首選目的地，但是隨著泰國的經濟發展，這個市場也縮小了。「也許柬埔寨吧。」她說。

幾天前，濱田里奈與我喝咖啡時，也思考過同樣的問題。「只要有貧富差距，就有二手產業。」她說。在她眼中，日本的二手產業早已知道它的長期前景並不樂觀，尤其是二手出口產業。日本太浪費了，而現在世界上其他國家也想模仿它。

但是，韓靜子目前並不擔心。她從清屋得到的費用綽綽有餘，而且公司的生意很好，儘管背後的原因有時還是忘了更好。「我不想說我習慣了，」她說，「但是我真的習慣了。」

　　小林茂六十四歲、腳步快捷，又尖又刺的花白頭髮在額前往上梳。他一身都是灰色的：淺灰色的運動外套（裡面一件白色襯衫）、灰白色的長褲，以及將近全黑的運動鞋。此刻，他正快步走在浜屋集團位在東松山市的二手商品倉儲場。[19] 浜屋集團是他在 1991 年建立的公司。

　　左邊是一間小辦公室，一輛空的平板卡車停在前方的卡車地磅上。再往後，一輛輛的堆高車在龐大的倉庫間穿梭，載著一棧板一棧板的電腦、冰箱、boombox 喇叭，還有一個塞滿了電子琴的巨大紙箱。小林茂指向一個穿著 T 恤、身材魁梧、汗流浹背的男人。那男人站在一個裝滿編織機的貨櫃裡，手上拿著一個寫字板，看起來是在清點貨品。

　　「他是從巴基斯坦卡拉奇來的。」大隈由紀說。她是年輕的主管，在那裡為小林茂翻譯。「是我們的常客。」她向那個男人大喊，跟他說我是記者。

　　男人興奮地說：「浜屋集團太棒了！我來這裡已經有十八年了！」那個貨櫃當天稍晚就會出口。不過這只是開始。浜屋集團在全日本還有十五個分支，2017 年，這些分支總共出口了兩千七百個貨櫃，把日本的二手貨運到世界各地四十

---

19 東松山市位在東京市西北方 35 英里處。

個國家。該集團的網站、簡章與投資人資訊上可以看到這些照片：包著頭巾的阿富汗商人交換浜屋進口的 boombox 喇叭，柬埔寨人的家裡擺著浜屋進口的家具，馬達加斯加小孩拿著浜屋進口的保溫瓶。這些照片並沒有誇大其詞，浜屋集團是亞洲最大的二手耐用品出口商（紡織品是非耐用品），也許還是世界上最大的出口商。

　　小林茂快步走進一個巨大的倉庫，裡面滿是冰箱與洗衣機，在金屬籠子裡堆了三層高，全用塑膠膜包裝好了。「這些是要運去越南的。」他說，然後指向幾個棧板上也用塑膠膜包裝好的飯鍋，「也是越南。」再走進倉庫，我們停在一疊堆了 10 英尺高的金屬棧板，上面滿是編織機。「奈及利亞，不過現在他們大多會運去巴基斯坦，因為市場很大。」旁邊是一堆用塑膠膜包裝好的吸塵器。「巴基斯坦。」下面是一堆桌上型電風扇。「我不太確定。由紀？」

　　她掏出手機查看，但是時間不夠，小林茂想帶我看更多的商品。一條走道的左邊是成堆的平面顯示器，讓我想起一個無風的日子裡成排的稻作。「中國。」他說。「他們會把螢幕拆掉，用在其他電器上。」角落裡有一堆及腰的大袋子，就在另一堆冰箱下方。小林茂打開其中一個，示意我看一眼：裡面滿是生鏽的手工具，像是螺絲起子、槌子與扳手。

「越南。」他說，然後把手伸進袋子，拿出一把螺絲起子。
「品質太好了。這應該在日本當經典商品賣。」

由紀點點頭，在手機上記下來。

小林茂走在我們前面，帶我們走進另一間更明亮的倉
庫，裡面滿是堅固的沙發、桌子與椅子（這裡沒有需要自行
組裝的宜家家具）。「這些家具會運去菲律賓、越南、馬來
西亞。」倉庫的邊緣是一個個裝著吉他的紙箱。「木吉他去
馬利。電吉他去奈及利亞。」他指向一個裝著汽車收音機的
棧板。「奈及利亞。」然後走向好幾個裝著 boombox 喇叭的
棧板。「這些也去馬利，不過那邊的市場在縮小。」成堆的
立體聲音響已用塑膠膜包裝好，等著運輸。「越南。」他說，
「不過上面有些灰塵，要先擦乾淨。」他在手機上點了一個
聯絡人，開始講電話。

「我們以前一對音響可以賣 10,000 日圓。」由紀說。
「現在只能賣到 6,000 日圓。」

「為什麼？」

「中國製造的新產品價格下降了。」她說。「有時候新
產品比舊東西還便宜。」我們的附近擺著好幾個裝著釣魚捲
線器的洗衣籃與塑膠牛奶桶。由紀跟隨我的目光。「我們在
馬來西亞有一個釣魚用具的大買家。他會跟我們訂一千個捲

線器，然後在別的地方買釣竿。」

「那這些呢？」我問，對著幾棧板滿的鏈鋸點個頭。

「柬埔寨。」她說，「如果是更大的鏈鋸，就去奈及利亞。奈及利亞人喜歡用大鏈鋸，我們經常跟顧客爭論鏈鋸的大小。」

參觀的過程就像這樣持續了半個小時。浜屋猶如一間博物館，展示著日本人不要的東西，而且數量驚人。東西的來源很多：住家、公司、工廠、工地、租賃公司，以及日本經濟中任何一個決定縮減或升級的角落。由紀告訴我，光是這個倉儲場，每天就有一百三十位顧客來把東西賣給浜屋，從收集居民舊貨的市政當局到私下撿拾舊貨的小商人都有，而且這還不是浜屋最大的倉儲場。

小林茂一開始沒打算建立起這樣的事業。1980 年代，他是個收入很好的廢金屬商人，把破損廢棄的金屬賣給將之轉變為金屬原料的回收公司。在回收公司，一台電腦、一輛汽車或其他任何東西，都被視為許多個別商品的組合。如果這些個別商品的價值超過汽車或電腦本身的價值，那產品就會被拆解，以金屬再賣出。小林茂本來可能會留在這一行。但是 1980 年代，日幣增值，把日本金屬賣到海外的生意變得無利可圖。於是，他開始尋找新事業，然後注意到有商人

把日本的舊水泵出口到台灣，而且利潤很高。

由於舊水泵的台灣市場已飽和，於是他去找哪個開發中國家仍有市場。「我看到越南需要電器、農業機械、建築機械、工業機械。」他說。很快地，他把產品縮小到冰箱與洗衣機等電器。「一開始，賺錢很容易，因為新產品的價格太高了。每個人都想要一台，所以他們接受了二手產品。」

「那時候取得二手電器容易嗎？」

「日本人很浪費，就算電器還能用，他們沒多久就會換一台。想升級嘛。」

2010 年代中期，浜屋的年銷售額將近 10 億美元。對於這個成績，小林茂是感到最驚訝的人，畢竟他幾乎一開始就預期事業會失敗。「但是現在已經 2018 年了，我們還沒倒閉。」他笑起來，然後那頑皮的表情轉為一個苦笑。「但是市場很快就會縮小，我們很確定。」

「為什麼？」

「十年前，一台新的 boombox 喇叭要賣 20 萬～ 30 萬日圓（當時約值 200 ～ 300 美元）。新產品的價格很高。當某一樣新產品的價格很高，我們就可以賣很多二手商品。但是最近，中國製造的電器變得相當便宜，甚至比日本的二手商品還便宜，人們根本沒必要買二手的。」

　　就跟我見過的大多數企業家一樣，小林茂也很欽佩中國的企業家精神與壟斷市場的能力。他也很實際，相信他的二手商品根本無法與過去四十年來在全球各地激增的低成本產品競爭。「1991年我創立這公司時，」他說，「我看到中國人還用手工製造新產品。我去了他們的工廠。五、六年後，他們就自動化了。這就是為什麼我當初預期2000年這公司會倒閉。我想錯了，但是我們的銷售額正在以非常快的速度下降。沒有一個國家的市場在成長。越南現在還不到巔峰期的10％。奈及利亞縮減了20％。菲律賓20％。」

　　如果小林茂說的沒錯（幾乎沒有人比他更了解實際狀況），那麼工業革命所導致的物品民主化正在加速。19世紀，一度擁有珍貴價值的家庭物品，比如碗盤、玻璃器皿、橡木家具開始失去價值；到了20世紀初，中產階級消費者有能力擁有好幾套的餐具與衣服，而儘管收入較低的普通人無法擁有嶄新時髦的物品，但是多虧了富裕消費者所捨棄的多餘物品，普通人尚可取得二手物品。

　　1970年代，中國共產黨決定重新加入全球經濟市場時，這個過程加速了。短短幾年內，幾百萬名農夫搬進嶄新的工廠城鎮裡工作，大量的人力降低了幾乎所有產品的製造成本，使得上億民眾也得以定期消費新產品。不過，受益的不

只是窮人。在日本，耐用品（包括家電與消費電子產品）的價格自 2001 年下降了 43.1％，其中以消費電子產品降價最多，而大多數的消費電子產品來自於中國。

除了二手市場，所有人都能從中得到好處。

「我們的週期是十年。一個東西得花十年才會輾轉來到我們手中。」小林茂告訴我。「十年前，我們可以得到品質好的『日本製』產品。現在都是『中國製』、『中國製』、『中國製』，消費者根本沒那麼在意了。」

沒那麼在意，但是絕對還是會在意。

小林茂在東松山市的倉庫裡檢視一台將出口至馬利的中國製 boombox 喇叭。日本製的 boombox 喇叭會留在日本，因為可以在經典收藏品市場上高價賣出。

　　日本《再利用商務報》所收集的資料顯示，最近幾年有二十幾間日本二手貿易公司在東南亞開設了至少六十三間的零售店與暢貨中心，其中又以泰國與菲律賓占多數。光是這幾間公司每年的出口總額就高達 10 億美元以上，單一商品出口總數量達到好幾億。

　　東南亞市場有很大的需求，而且推動的因素是生活富裕，而非窮困。根據國際貨幣基金組織，2000 ～ 2015 年間，70％左右的全球經濟成長起源於馬來西亞、越南與菲律賓等新興市場經濟體與開發中國家。這些經濟快速成長的國家剛好也是世界上幾個最大的二手市場。渴望購物的新消費者選擇自己負擔得起的東西，通常就是二手商品。

　　在東南亞各地，小型的二手商店常常是最主要的交易形式，尤其是在鄉間。這些零售商喜愛日本貨，並從進口批發商取得這些商品。這種貿易大多在灰色市場上進行，也就是進口商會故意錯誤標示商品，以避免關稅或進口禁令。但是即使運輸的商品標示正確了，國際貿易系統仍然缺乏二手「耐用品」這個類別，使其幾乎無法像新品那樣可以在資料庫與來源中追蹤。

　　儘管資料不全，毫無疑問，日本二手物品能出口至東南亞也多虧於長期的地理、商業與文化連結。比如說，許多日

本公司已存在於馬來西亞好幾十年，有的是簽訂合約、建造基礎設施的建築公司，有的是購物中心裡的零售商店。同樣地，馬來西亞的學生自 1980 年代便常以交換學生的身分至日本旅遊，而且常常是以很低的學生預算。許多學生回來後會敘述（或是發表到 Facebook 與 Instagram 上）自己如何在 Bookoff 與其他的日本二手商店購物存活。這些經驗加強了日本產品在東南亞本來就很穩固的名聲，並為可能在美國與歐洲聽起來很荒謬的現象奠定了基礎：一間只賣日本二手商品的百貨公司。

Bookoff 很晚才進入東南亞。與許多競爭對手不同，Bookoff 已深諳如何在日本境內買賣二手商品，因此沒有出口的需求。但是隨著物品的洪流增大，Bookoff 開始尋找外國市場。「Bookoff 很善於收購東西。」Bookoff 國際拓展部總經理井上徹在橫濱接受採訪時說。「我們每年在日本沒賣出的商品多達一億三千萬件，所以我們需要制定出口的策略。」Bookoff 調查了泰國與菲律賓，但是認為其他日本二手進口商的競爭已經太激烈。馬來西亞因為收入較高與零售商的授權很嚴格，經常受到忽視，卻似乎是理想的市場。像 Bookoff 這樣的大集團進軍馬來西亞市場再適合不過了。

Bookoff 在馬來西亞的第一間店於 2017 年 1 月開業，店

鋪位於吉隆玻西南方一個巨大且空曠的購物中心裡，距離吉隆玻市中心 20 英里，該路段交通十分壅塞。購物中心的一樓有幾間餐廳與水果攤，顧客大多是附近辦公大樓的上班族。在一片空曠與幽暗當中，有個明亮的焦點：一整排兩層樓高、採光良好的窗戶，從三樓延伸至四樓。窗玻璃上寫著「Jalan Jalan Japan」，還貼著馬來西亞與日本的國旗。在馬來語中，這間店的店名是「來逛日本」的意思。

「這購物中心很沒落。」井上徹坦承。「但是租金很便宜，而且在馬來西亞可以透過社群媒體促銷。再說，馬來西亞人很喜歡日本的東西。」

這是個荒謬的理由，但是它奏效了。週末與假日時，排隊的隊伍一路延伸到店門外。井上徹告訴我，這間店已經賣了一萬件產品，一天內的總收入達 250 萬日圓（約 25,000 美元）。這可是其他人群熙攘的購物中心裡開設已久的商店渴望達到卻望塵莫及的數字。但是 Bookoff 早就預期到這樣的數字，而且正在以這樣的野心為基礎進行展店。目前在吉隆坡地區有三間 Jalan Jalan Japan，到了 2020 年會再增加兩間。[20]「其實我們的存貨足夠供應十間店。」井上徹說。「這

---

20 編注：截至 2024 年 3 月，馬來西亞開設了九間 Jalan Jalan Japan，其中有四間位於吉隆坡。

還只是開始。」

　　走進店門後，Jalan Jalan Japan 看起來像是沒那麼高級的 Bookoff。掛著衣服的掛衣架一直延伸到這個 2.4 萬平方英尺空間的最後面。但是與日本的 Bookoff 不同，這裡的衣服沒有照顏色或品牌分類，就只是一件接一件標了價要賣的衣服（大多是女裝）。一件衣服的平均價格為 10 令吉（約 2.5 美元）。「如果沒賣掉，我就把價格降到 3 ～ 5 令吉（約 0.75 ～ 1.25 美元）。」Jalan Jalan Japan 第一間店的經理小野浩司帶我參觀店裡時說。該店一天平均賣掉五百件衣服，一個月約為一萬五千件。「遠遠超過一間 Uniqlo 賣出的數量。」他補充說。

　　我們的右方是一盒一盒的廉價珠寶，標價也僅相當於幾美元。再往後的架子上是塑膠包裝的可動玩偶以及盛行於 1990 年代手掌大小的電子寵物蛋「塔麻可吉」。「現在大家都在這裡買，不在日本買了。」小野浩司聳聳肩說。

　　玩具的旁邊是兩個吊衣架，掛著沉重的麻製和服，就跟我在東京清屋時看到的幾乎沒什麼兩樣。「人們會買回家當裝飾品。」小野浩司不解地搖頭說。「在日本，沒有人會這樣，他們根本都不買。」和服之後，是兩個吊著白色婚紗的吊衣架。

「人們會把結婚禮服賣給 Bookoff？」我問。

小野浩司笑起來。在接手掌管 Jalan Jalan Japan 之前，他在橫濱的 Bookoff 任職，一開始是從店員做起的。「人們什麼都賣。」他委婉地說。

我伸手觸摸其中一件。不是絲的，但是 40 令吉的價格，按照目前的匯率大概 10 美元，對沒有更高預算的人來說已經夠好了。「有人會買？」

「如果東西不賣，我就降價。」

我們走到廚房用品區，這裡有盤子、玻璃器皿與漆器。「盤子賣得很好。」小野浩司說。「一套餐具 9 令吉（約 2.25 美元）。」我走到擺著紅色與棕色漆碗的架子前。有些上面還貼著 Bookoff 原來的價格。其中一個的標價為 216 日圓（約 2 美元）；來到馬來西亞後，標價降為 3 令吉（約 0.75 美元）。「如果你在這裡的購物中心買一個新的，要 100 令吉（約 25 美元）。」小野浩司提醒我。「對馬來西亞人來說相當划算。」

說到底，這就是重點。馬來西亞的經濟已比大多數東南亞國家強盛，但是其 2016 年的平均所得 4,571 美元仍遠遠比不上日本的 17,136 美元。因此，許多馬來西亞人想享有在東南亞備受讚賞的日本生活風格，便會買二手商品。

　　收入差距並不是驅動馬來西亞境內日本二手商品市場的唯一原因。「日本人的家庭在縮小，房子也小，」小野浩司說，「馬來西亞人的家庭大，而且還在擴展，房子也大。」

　　我停在滿架子的玩具汽車與玩具火車前。上面有風火輪小汽車，也有湯瑪士小火車，就跟我在橫濱與東京的 Bookoff 看到的一樣，只是有一個重要的差別：馬來西亞這裡的商品狀態都比較差。在橫濱，一個二手風火輪小汽車完好如新，沒有刮痕。在馬來西亞，風火輪小汽車看起來很舊。我發現服飾類也一樣，衣服上沒有明顯的裂痕、破洞或髒汙，但是品牌沒那麼高檔，風格遠跟不上時尚。日本多餘的物品並不是日本最好的物品。「在日本賣的產品狀態好多了。」我對小野浩司說。

　　他點點頭。「我們把最好的東西留在日本賣，賣價可以比這裡更高。」

　　我們經過滿架子的玩偶，架子有四層，長度達 40 英尺。「玩偶在這裡也賣得很好，」小野浩司說，「這一點我們倒沒預料過。」玩偶各式各樣，有熊、斑馬、猴子、娃娃與卡通人物，都是日本父母在 Bookoff 的上百間連鎖店一個一個賣掉的。根據日本的人口統計，很明顯這些玩偶都只有獨生子或獨生女一個人玩過。在馬來西亞，它們會在平均兩個

小孩的家庭之間一再轉送使用。

　　日本過剩的東西不是全都成為垃圾或出口至開發中國家。有些留在家裡，有些則被送去和日本一樣富裕的國家。小林茂在東松山市浜屋辦公室旁的倉庫裡領我參觀時，特別提出這一點。一幅麥可傑克遜的大型絲綢畫掛在遠端的牆上，一座長長的櫃子擺著幾百幅日本卷軸畫。分散在附近的是日本復古腳踏車。「這大部分會出口到英國，」他說，「腳踏車也許會留在日本。」

　　儘管五月末的天氣已開始炎熱，由紀仍穿著一件粉紅色開襟毛衣，她指向一個角落，角落裡擺著十幾個保溫瓶與十台電鍋。「日本製復古熱水壺在古董市場上非常搶手，電鍋也是。」

　　「你們怎麼賣？」

　　「我們有一個電子商務部專門負責高價值的產品。通常都是在 Yahoo 上拍賣。」

　　再走進倉庫，我們停在一堆推車前，推車上堆滿了 1980 ～ 1990 年代的日本製復古 boombox 喇叭。「這也很搶手。」由紀說。「我們會在澀谷的快閃店賣。」澀谷是東京市區熱鬧的購物地段。「很多人會去那裡逛。」

　　我告訴她，我曾經在東京地區的經典商品店看過復古 boombox 喇叭。

　　「現在大家很懷念過去。而且以前的 boombox 喇叭做得很好。」

　　浜屋集團的電子商務部門就在同一條街。它占用了一座長形倉庫的兩層樓，僱用了十幾位全職修理技師，每一個都專精於修理特定類別的產品，從電腦到電吉他不等。它還有好幾個小攝影棚，為拍賣的商品製作專門的照片，還有一個運輸部門。這看起來就是「再利用」的未來：把需要修理的東西拿來，修理好，再賣給珍惜其價值的人。不過，小林茂糾正我：「復古產品與電子商務只占我們銷售額的一小部分，只有百分之幾。」

　　「那馬來西亞呢？」我問。「Bookoff 在那裡拓展很快。看起來是個不錯的機會。」

　　「我們會買 Bookoff 剩下的商品，」我們坐進他的 BMW ActiveHybrid 3 時他說，「然後出口。他們有非常多存貨，馬來西亞無法全部接收，」他停頓一下，「而且馬來西亞跟中國關係很好。」

　　沒錯，廉價的中國電子產品品牌如海爾、OPPO 與海信在馬來西亞到處都是，中國製造的衣服也是如此。「你擔

心中國製造的新產品會使開發中國家對二手貨的需求消失嗎？」

「擔心啊。」小林茂將車子駛過東松山市的街道。我們來到他最喜愛的餐廳準備用午餐時，他再次告訴我，日本二手商品的國際市場正在走入末期，因此他開始返回廢金屬回收的事業。過去他是把二手電子產品出口到國外，而最近幾年，他已慢慢建立起需要的設備與能力，可以回收電子產品中的金屬。這是個很昂貴的事業，需要先進的科技以確保整個過程安全而環保。日本嚴格的環保法規不會容許不符規定的回收過程。「再利用東西總是對環境更好，」他說，「但如果沒有人想要再利用，那我們又能怎麼辦？」

我問他是否覺得日本人現在更有環保意識時，他笑起來，然後提起他女兒的故事。「她還在上學時，學校發給他們一張問券，問家長希望學校使用新的還是舊的課本。那是我女兒要用的課本，所以我當然希望她用新的。後來我才發現大部分的家長都選擇用舊的。」他笑起來。「日本人越來越有『勿體無』的心態了。」他總結。

「這樣對你的公司好嗎？」

他搖搖頭。「『勿體無』對這間公司不好。如果大家都實行『勿體無』，我們就得不到狀態良好的舊貨，就無法賣

到二手市場了。」

　　「所以浪費才有幫助。」

　　「沒錯。」

　　夜間，東京高圓寺縱橫交錯的狹窄街道大多都暗了，只有分布在巷弄中的小餐廳，以及幾十間使高圓寺知名的小舊貨店還亮著燈。這是一個販賣舊貨再適合不過的地區了。東京的大多數地區都在二戰摧毀後重建為高樓大廈，高圓寺這個地區則保留著日本小鎮的低矮建築與傳統氛圍。

　　但是一踏進一間二手店，傳統日本的感覺就消失了。裡面的商品全都是美國進口的二手服飾。位於三叉路口的「吹哨人」專賣美國高檔品牌，例如 Allen Edmonds 的精緻二手皮鞋。店裡瀰漫著皮革的味道。在這裡，幾十年舊的經典鞋款一雙要賣幾百美元，都是由熱愛美國文化的店主從美國帶回來的。也許他比美國人還熱愛美國文化。

　　不過，高圓寺大多數的商店賣的都是沒那麼昂貴的服飾，像是運動衫、連帽衫、T 恤，休閒襯衫也很受歡迎。在這裡，美國人眼中很平常的東西被當作極品高價賣出。運動品牌 Champion 一件簡單的棉質運動衫被標示為「1980 年代精品」，售價為 60 美元。一件破舊的藍色棉質 T 恤在善意

企業的店裡根本無法上架，在這裡賣 50 多美元。看到這些美國人連在週六車庫拍賣都不敢賣的東西可以賣到這麼貴，身為美國人的我不得不抿嘴一笑。但是在高圓寺逛足夠久，就可以發現一個獨特的現象：這些國外商品拼湊出日本人的身分認同。

在高圓寺一間比其他店都更明亮鮮豔的店裡，這個現象最為明顯。從街上看過去，Daidai 散發出的黃光足以照亮隔壁與對面的店。走進雙扇門後，只見店裡滿是鮮豔的紅色、桃紅色、橘色與黃色。店主人小島澪告訴我，她是受到《綠野仙蹤》裡五彩繽紛的顏色所啟發。

但是《綠野仙蹤》只是個起點。「我們把店想像為一個翻轉過來的玩具箱。」小島澪說。她是個瘦小的女子，穿著一件黃綠交錯的印花洋裝，領子上有針織的草莓（她在 Instagram 上自稱是「復古與草莓熱愛者」）。「所以我們就想像店裡在關門後會活起來。」

「就跟《玩具總動員》一樣。」

她點點頭。

我發現，小島澪身上的洋裝猶如店裡到處可見的「邋遢安妮與安迪」（Raggedy Ann and Andy）娃娃。店裡還有各式各樣的草莓，針織的、塑膠的、陶瓷的、真實大小的、比

真實大小更大的……她右手食指上甚至還戴著亮紅色草莓戒指。Daidai 是間輝煌的藝術殿堂，但主要販賣女裝。因此，掛在店裡衣架上的有印花洋裝與女裝襯衫，這些服飾若做成迷你版，大概也很適合給「邋遢安妮」穿。

「我會飛去洛杉磯買衣服，」小島澪苦笑說，「然後洛杉磯的人會來這裡把衣服再買回去。」她熱愛去二手市場尋寶。帕薩迪納的玫瑰碗跳蚤市場是她的最愛，而且她對美國的慈善機構如 Savers、Buffalo Exchange（「就跟 Bookoff 一樣」）與善意企業也很熟悉。

然而，並不是一切都那麼光鮮亮麗。「三、四年前比較容易找到好東西，」她說，「五、六年前好東西更多。」當時，在那個並不遙遠的過去，Daidai 是販賣跳蚤市場寶物的精品店。但是自此以後，Daidai 被迫重新調整腳步。「現在我們會把在美國買到的二手物品重新剪裁縫製成新衣服。」收銀機旁，她掀開一條草莓圖案的防塵布，露出下面的縫衣機。「我會在善意企業買床單、窗簾，再製成衣服。」她走到掛衣架旁，給我看一件印著黃色向日葵的綠色夏日洋裝，看起來就像是直接從 1977 年空運來的。「顧客喜歡我們的其中一個原因，就是因為我們把東西重新再利用。我們會在別人看不到的地方發現東西的美。」

　　不過，對於她的私人創作的最終命運，小島澪並沒有不切實際的幻想。「日本人比美國人還會丟衣服，」她說，「快時尚越來越氾濫，而人們不捐贈，就只會丟掉。」她嘆口氣。「斷捨離。」這三個日本字意味著藉由與不需要的東西斷絕關係，捨去家中多餘的物品，脫離對物品的執著而得到心靈的平靜。它的理念是清除家中的雜物也能掃除心中與腦中的煩惱，無論丟掉的東西最後會去哪裡。[21]

　　「斷捨離在某些方面是很好，」小島澪告訴我，「但也有它黑暗的一面，因為這樣大家就會把東西丟掉。有些顧客回來時，我會問：『你的衣服在哪裡？』他們會說：『已經斷捨離掉啦！』」小島澪的雙眼睜大成一副不可置信的吃驚表情。「我就說：『你應該把衣服帶回來給我們啊！』」

　　「人們為什麼把東西丟掉？」

　　「地方不夠，」她說，「日本人的家都很小。Daidai 的衣服都太獨特了，很難留著。而且日本的氣候潮濕，衣服不好保存。」

　　我凝視店裡一圈。這裡跟 Old Navy、H&M、Forever 21 完全不同。但是在一個富裕的國家裡，更多、更新才是恆久

---

21 Siniawer, Eiko Maruko. Waste: Consuming Postwar Japan, 266–78. Ithaca, NY: Cornell University Press, 2018.

不變的，就連藝術也會被取代。

「我去過美國的車庫拍賣，我覺得美國人很愛惜他們的東西。」小島澪說。「比我們更愛惜。他們什麼東西都拿去捐贈，希望有人可以再次使用。他們連內衣褲都捐。」說完她把草莓印花的防塵布又鋪到縫衣機上。

我又凝視店裡一圈。「美國對你的工作有很大的影響力。」我說。

她搖頭表示不同意。「美國對我沒有影響力，美國只是有東西讓我買。」

小島澪，她手上拿著親手設計與縫製的女裝襯衫，布料是從美國的慈善商店買來的舊窗簾。

第六章

我們的倉庫是一間四房公寓

▼

　　19 號州際公路連接土桑市南端與亞利桑那州諾加萊斯，總長 63 英里，終止於通往墨西哥諾加萊斯的邊境 300 英尺前。 19 號州際公路大部分是條荒涼的沙漠公路，途中只經過幾個小鎮。在邊境的北邊，美國邊境管制官員在半永久的檢查站查緝走私貨（我推測也追查非法移民）。但是，如果向當地人提起這條公路，他們最終都會提到邊境的南邊。在那裡，時時刻刻都有皮卡車（或拖著拖車的皮卡車）載滿土桑市與鳳凰城的二手商品開往墨西哥。

　　我看過全新的 GMC 卡車拖著拖車，載著保護緩衝用的床墊，床墊之間則塞滿了各式各樣的耐用品：腳踏車、桌子、小冰箱，還有我猜是裝著碗盤、餐具、廚房用品與玩具的箱子。我還見過更魯莽的駕駛，開著老舊的福特卡車，危險地載滿了床架、腳踏車、商用大冰箱，全部都只用彈性繩綁住，甚至在越野地帶也如此。

　　這就如同日本與東南亞之間的二手貿易，只不過是美國

西南部的版本。但是在這裡的邊境，沒有浜屋集團運來大量
的東西給商人，也沒有 Bookoff 的店開在墨西哥市。這裡的
貿易由小商人進行，一卡車一卡車地把美國西南方不要的舊
貨運給墨西哥的新興消費者。

　　這些商人孜孜不倦，來回穿越邊境尋找商品，有時甚至
是每天。如果出現障礙，他們就繞過去，繼續交易。

　　而這些障礙並不容易克服。墨西哥的商業團體很早以前
就對政府施壓，要求禁止進口二手商品。這些日子，二手商
必須取得執照，而這個執照幾乎不可能取得，對於開著皮卡
車載貨來交易的人更是難如登天。同時，美國政府也更加決
意讓墨西哥人留在墨西哥，即使他們進入美國的目的只是購
買與出口美國人不要的東西。

　　小商人們還是找到了一個途徑。

　　在墨西哥，人們穿的是二手服飾，家裡用的是二手家具
與電器，用二手電子產品教育與娛樂自己。在許多小鎮小村
裡，二手商店比新品商店還要多。這是北美最環保永續的生
意，但是除了做這一行的人，沒有人注意到。

　　週末，亞利桑那州諾加萊斯邊境對面，索諾拉州諾加
萊斯蜿蜒的克洛斯歐大道上總會出現一英里長的舊貨交易市

集。小販設起帳篷與桌子，把掛著衣服的支撐桿與掛衣架推到路邊，舊鞋子疊成一堆，舊輪圈疊成一堆，舊腳踏車擺在帳棚下，就怕有人經過時順手牽羊。童裝很熱門，鏈鋸與發電機也是。有一個攤子在賣新鮮水果，還有一個在賣墨西哥粽。民眾慢慢閒逛，享受週日。

我也想閒逛，但是我坐在「賣鞋男」開的新款皮卡車裡。賣鞋男是個四十一歲的墨西哥二手商，在土桑市的善意企業很出名（賣鞋男請求我使用這個暱稱，讓他保持匿名）。他是土生土長的諾加萊斯人，而且根據他的說法，在美墨跨國二手貿易上已經是三十五年的老手了。一週五天（有時候更多天），他在諾加萊斯與土桑市之間開車來回，就只是為了在土桑市的十六間善意企業零售店購物；他推測自己每年開車會開上 50,000 英里。

賣鞋男從克洛斯歐大道左轉，看到朋友坐在路邊舒適的躺椅上。我們走下車。賣鞋男身高約 182 公分，身材寬闊結實，總是戴著一頂棒球帽，圓臉上的顴骨突出，蓄著仔細修剪的短鬚與八字鬍，低沉的聲音說起英語就如同他的步伐那樣堅定而快速。他天性外向，犀利敏銳的幽默感時常令我跟不上。

賣鞋男的朋友坐在一輛全新的黑色福特皮卡車旁，後

面還拖著一輛長拖車。拖車旁有四張床墊、一個特大號塑膠冷藏箱、一張木質餐桌配上四張椅子、一台微波爐、兩輛兒童腳踏車，以及一座令賣鞋男眼睛一亮的臥式冷凍櫃。「這可以賣很多錢，只要它夠舊，而且不是中國製造的。」躺椅上的男人告訴賣鞋男，他是在鳳凰城地區的善意企業買到這座冷凍櫃的。兩人閒聊時，我望向邊境的高大圍欄，就在不到一英里之處。圍欄是用鋼柵製的，鋼條之間的間距為 4 英寸，有些鋼條高達 30 英尺。從遠方望去，那重複的條狀空間使柵欄模糊起來，猶如海市蜃樓。

再坐上皮卡車，我們開往諾加萊斯－瑪利波薩入境點。2017 年，超過三百萬輛的個人交通工具曾穿越這關卡，而賣鞋男自己就穿越了幾百趟。「我告訴你為什麼二手貨有賺頭。」他說，一隻眼睛盯著路，另一隻眼睛瞄向手機上的 WhatsApp 訊息。「在墨西哥，大家一天可以賺個 1,000 比索（約 60 美元）吧。假設他們想要一張床墊，在墨西哥一張床墊要 10,000 比索。而且他們還會讓你賒購，所以最後花掉的錢是原價的三倍。」在邊境，美國官員揮手要我們開進一座 X 光機，指示牌特別說明這對我們的健康無害。「但是在土桑市，你可以免費得到一張床墊。」

「所以你賣床墊嗎？」

「不賣。有臭蟲之類的，有點噁心，我不喜歡。但是如果賣床墊，賺的錢會比賣其他東西都要多。床墊是最有賺頭的生意。照順序來，最有賺頭的是：床墊、電器、衣服。」

但是賣鞋男並沒有從事太多這類商品的買賣。他主要賣鞋，大多都是舊鞋，但是如果在新品暢銷中心可以便宜買到的話（通常是用優惠卷），他也會買賣新鞋。在南亞利桑納州的善意企業，他被視為大買家（表示他真的買量驚人）。在邊境的另一邊，他的人脈裡有七個批發商，有些一次會跟他買下一百雙鞋。

不過他真正熱愛的是玩具。「你看看，1983 年的伊娃族玩偶。」他邊說邊把手機遞給我。手機螢幕上是一個毛茸茸、猴子般、出自 1983 年《星際大戰六部曲：絕地大反攻》的小伊娃。「這是我在熊峽谷的善意企業花了 2 美元買的，後來用更高的價格賣給了蒙特雷的一個傢伙。」

X 光檢查完畢了，一位邊境官員揮手讓我們進入美國。

「你是怎麼進入這一行的？」我問。

「我爸是蔬果商。」賣鞋男家裡有足夠的錢買來一台電視，於是賣鞋男就靠看電視學會英語。他說他最愛看的節目是 1950 年代的美國喜劇《天才小麻煩》（*Leave it to Beaver*）與《奧茲與赫莉歷險記》（*The Adventures of Ozzie and*

Harriet），兩者都理想化地描繪出中產階級的市郊生活。他開始花時間在美國這一邊的舊貨交易市集時，以前看電視學的東西就派上用場了。「市場上有黃種人。」他使用這個統稱亞洲人。「韓國人。我會說英語，他們就僱用我，一天付我 4 美元。」

「你說韓文嗎？」

「一點點。」

接下來幾年，他忙碌地工作，增進自己的商務技巧與對二手市場的了解。同時，他與家人都在尋找突破的契機。「有一個在賣鞋的韓國人愛吸古柯鹼。」他敘述。韓國人跟賣鞋男的父親借錢，結果把錢全花光了。為了還債，他提議把自己的房子送給賣鞋男的父親。「我爸不想要他的房子。」賣鞋男說。「所以他就把所有的鞋子都給我們。我們就是這樣開始的。」

他把卡車開到諾加萊斯一個迷你倉庫場的大門前，開窗，按下密碼。大門打開，他往裡開，來到其中一個小倉庫前。就跟美國各地其他五萬四千多間迷你倉庫場一樣，這個倉庫場也多是用來儲存美國家中多餘的物品。只不過有一個不同。「在這裡租倉庫的人都是用來把在北方買到的東西儲存在這裡。」他拉起金屬捲門。

　　倉庫裡主要是鞋子。兩組高達屋頂的架子上擺滿了鞋子。一個個的小購物袋與垃圾袋塞滿了鞋。一個個的塑膠盆裡滿是鞋，還有零散的鞋被賣鞋男塞進垃圾袋，準備帶回墨西哥。倉庫裡還有其他東西。架子上有一套 Wii 遊戲機；地板上有一個迷你冰箱，上面還擺著一個裝在箱子裡的 Lasko 風扇；還有一台 Vizio 電視躺在塑膠盆上，而電視旁邊是一盆善意企業的收據。

　　賣鞋男把迷你冰箱、Vizio 電視與幾袋鞋搬到皮卡車上，然後我們便準備開回墨西哥。賣鞋男說，他的顧客群在成長，這是好事。與此同時，競爭也在成長，小規模的二手商也變得更加專業。「1991 年，舊貨交易還是個笑話。大家還以為我們是園遊會之類的東西咧，沒前途。現在每個人都在做。」

　　「為什麼？」

　　「有賺頭啊。2000 年，墨西哥毒梟被嚴重打壓，所以很多人就從毒品轉到二手交易。」這話不無道理。熟悉快速變化的市場與深諳如何運輸違禁品在兩個行業中都很重要。「現在你看到大家開著大皮卡車，一次花掉 5,000 或 10,000 美元買舊貨，都沒事。很好笑吧，我們的生意並不合法，但是不知怎麼又算合法。」

墨西哥諾加萊斯的蒂安吉斯卡諾阿斯，攤子外面通常都擺著幾把餐椅、幾張床墊和一輛腳踏車。1990 年代初期，這市場只有當地人光顧。現在，當地人把商品批發給來自窮困落後地區的墨西哥人。

　　賣鞋男從一個拱形大門右轉進去，來到有圍牆圍起的蒂安吉斯卡諾阿斯，這裡是墨西哥諾加萊斯最大的舊貨交易市集。他把車停在開闊的石子路上，就在一間有波紋鋼壁板的小攤子前方。小攤子與其他上百間小攤子相連，在這個寬廣的地方蜿蜒伸展開來。這裡於 1990 年成立，一開始只有三十個商人，如今這片幾英畝大的市場裡有好幾百個舊貨商。

　　賣鞋男的攤子有各式各樣的東西：鞋子（當然啦）；成桶的網球、棒球與棒球帽；一個可插電的耶穌誕生場景；一個娃娃屋；一疊輪胎；好幾袋可動玩偶，架子上還有幾個大型忍者龜；一些炊具；一台吹葉機；一台學步車；還有一個裝在盒子裡的摩西可動玩偶。「昨天在善意企業買的，」他

說，「我還找到了耶穌。」我笑起來，不過他沒在開玩笑，他把手伸到摩西玩偶後面，拿出耶穌玩偶。

「生意怎麼樣？」我問坐在櫃台後的那個人，他是賣鞋男的親戚。

「沒什麼人買，都說價格太貴了。」

「他們太緊張了啦。」賣鞋男自鳴得意地微笑，然後領我繞過櫃台，走進市場。「其實我沒必要在這裡擺攤子。我現在主要是批發。對我來說，舊貨交易市集只是讓我有機會認識從南方來的人。」他指的是來自像埃莫西約與墨西哥市等城市的二手商。但是他的最終市場不只是大城市。再往南，墨西哥最偏遠的地區也開始繁榮起來，而這些地方的人也想要東西。

我們快速經過賣腳踏車的攤子、賣除草機的攤子、賣腳踏車與除草機的攤子。我們經過幾間賣玩具的攤子，然後賣鞋男看到熟人了。「這個人從我這買東西。」他停下來跟男人握手，攤販的桌子前擺著風火輪小汽車與各式各樣的可動玩偶。

然後我們轉一個彎，轉進成排賣冰箱、洗衣機、烘衣機、洗碗機的攤子，根本就是個不折不扣的二手家電大賣場。「如果我帶來十台洗衣機，我很快就會賣掉。」不過有

個重要的細節：一台新的機器是很好，但是一台舊的機器才有利潤。「如果你採購一台壞掉的機器，帶到墨西哥，修理好，可以賺到三倍的錢。如果買新的就辦不到了。跟我買洗衣機的那傢伙，會把機器拆開來、清乾淨，賺三倍的錢。」

　　我們走到市集上鋪著地磚、有屋頂的區域，稱不上是高級，但至少沒那麼骯髒混亂。這裡的掛衣架不像克洛斯歐大道上那般混亂，顏色與風格全混雜在一起。這裡有組織、有秩序：洋裝與洋裝掛在一起，藍色與藍色掛在一起，白色與白色掛在一起；美式足球聯盟的球衣按球隊分類；T 恤照大小分類。不過，這麼整齊是有原因的。「這些全是新的。」我說。

　　「幾年前，新產品開始排擠二手貨。中國人也加入了。」他朝坐在攤子裡的一對中年中國夫婦點個頭。賣鞋男說攤子上賣的美式足球聯盟球衣都是仿冒的。「中國人從洛杉磯帶來新產品。大多數都是仿冒品。全都是垃圾，連好的品牌也是垃圾。」

　　我環顧一圈。大多數的攤販都是中國人，有些在用他們的方言交談，有些在手機上看中國的電視節目，有些在手機上用微信（中國最廣泛的社群媒體服務）。我走向一個賣女裝的攤子。衣服的布料纖薄粗澀、縫線草率、價格低廉。基

本上就是穿過即丟的衣服。洗了、丟掉，再買一件。

　　我以前見過類似的景象。2000 年代初，上海的地鐵站滿是這樣的小攤子，販售同樣粗劣但時髦的衣服。這些複製最新流行款式的衣服，顧客大多是青少年（現在仍是），他們口袋裡有父母或祖父母給的錢，並且渴望成為消費者。但是二手服飾這個選項基本上不存在，因為中國禁止進口二手商品（還很有效地執行，不像墨西哥），而且也沒有任何自尊心高、上進心強的上海人會願意穿二手衣。當然，每個人都知道新衣服洗五次就壞了，但是只要每人都有錢，過幾週可以再買新衣服，這就不成問題。

　　衣服的品質下降，是中國的錯嗎？不是，至少一開始，是外國的公司在找便宜的工廠，而中國的服飾工廠只是依照這些外國公司的標準生產服飾。而這些外國公司就跟所有成功的公司一樣，只是在迎合顧客的需求。沃爾瑪就跟拉夫勞倫一樣，都猜想價格才是促銷的主要因素，而不是品質。事實證明他們想的沒錯。所以，沃爾瑪在幾年內把自家品牌的 George 牛仔褲從 26.67 美元降價至 7.85 美元時，在德國沒有人對此感到不滿。同時，沃爾瑪的競爭者也急於在價格上迎合顧客，因此做出同樣的妥協。今日，批評快時尚的人說是沃爾瑪降低了民眾的品質標準，這也許沒錯，但是另一方

面，它也降低了每一個消費者對於一整櫃新衣服、一台新的烤土司機與一套新家具的期望價格。在一個每天都有新消費者出現的世界，對於低價的期待更為重要。

賣鞋男看著我在蒂安吉斯卡諾阿斯的服飾部流連。我問他：「人們在意這些東西是垃圾嗎？」

「如果要在一件 5 美元的舊 T 恤與一件 5 美元的新 T 恤之間選擇，人們會選擇新的。大家都喜歡聚會，出門時當然想穿新的衣服。」

「我也一樣。」我坦承。

我們轉過一個轉角，來到舊貨交易市集石牆邊一個露天區域。在鐵皮屋頂下，大概有十幾個攤販展示著數十張床墊。「床墊賺最多，因為沒有中國的競爭拉低價格。」賣鞋男解釋。「不是只有中國人在做假貨。墨西哥人也做，在莫洛列昂，他們也做仿冒品。」

賣鞋男未來打算走向更正規的形式：他想開一間店，提升他的個人品牌，那麼或許能夠好好地與販售便宜假貨的攤販區別開來。他計畫在諾加萊斯開一間展示廳，展示他擅長在美國購得的商品。不過他說這主意並不新穎。「現在每個人在自家裡都有商店。我也有一間。一間擺滿家具、電視跟腳踏車的房子，讓我把商品展示給南方來的買家。但是我準

備做一件不同的事，也就是在時尚地區附近開一間展示廳，再僱用幾個性感美女。」

「可以這樣嗎？」

「每個人都想進這一行，連錢很多的人也是。他們不需要這生意，但是他們就是想要。更多錢、更多東西。就跟毒梟一樣，你阻止不了。」

每天，安娜與妹妹（她不想透露真名）都會從土桑市的家開車到市區南方東艾文頓街上一座長型的灰色購物中心。她們會在八點前抵達，然後等善意企業暢貨中心的經理打開玻璃大門。等待開門時，安娜告訴我，她們來自墨西哥索諾拉州的首府埃莫西約，母親還住在那。但是安娜沒有心情跟我閒聊，好幾個競爭的墨西哥二手商抵達後，安娜擠到門前，手肘外張，表明她想第一個衝進店裡的決心。而我妨礙到她了。

六年前，設法第一個衝進店裡的是安娜的母親。當時住在亞利桑那州的她聽說美國二手商品在家鄉的市場正蓬勃發展。多虧美國與其他國家的投資，埃莫西約的經濟正在迅速成長。隨著收入增加，對於生活方式的期望也提高了。那些從來沒有過整櫃衣服、客廳裡沒有現代家電、廚房裡沒有電

器的農夫，現在全都想要這些東西。新的太昂貴，於是買得起的二手商品便成為滿足這種渴望的方式。安娜的母親進入了這一行，而且很快就忙到無法自己處理所有的事務。對她來說，更理想的狀況是在埃莫西約經營一間店，而在亞利桑那州有人專門為她採購。但是她只有一人，因此得自己一手包辦。

安娜當時在一間外資物流倉庫工作，儘管薪水比以前任何工作都高，仍然只能勉強維持生計。因此，安娜的母親要她和她妹妹加入這個蓬勃發展的二手生意時，兩人毫不猶豫就答應了。隨後，兩人搬到土桑市，專門負責採購，母親則搬回埃莫西約掌管店面。

我問安娜是否後悔轉行。

「不後悔。」安娜身材嬌小，但是態度堅毅。她轉向窗口，瞥向店裡擺在大概一百張桌子上的商品。現在不是閒聊的時機，店門馬上就要開了。

我走到大樓後面的卸貨區。在裡面，我看到暢貨中心二十八歲的經理艾柏・麥迪正在開一輛堆高機，從我面前開過去時，他跟我揮揮手。堆高機上載著一個龐大的洗衣機紙箱，裡面塞滿了東西，最上面還能看到一根吸塵器的軟管、一個紫色的塑膠籃、一個可擴大的木製兒童圍欄，以及一對

雙板雪板。

　　我的右邊是成排的高大藍色塑膠「籠」，就跟南霍頓街與東格林街交叉路口的善意企業（以及南亞歷桑納州所有善意企業）堆放剛送來的捐贈品的籠子沒什麼兩樣。不過現在這些籠子裡堆的不是剛送來的捐贈品，而是南亞歷桑納州各間善意企業店沒賣掉的商品。如果一件商品在店裡擺了六週後沒賣掉，就會送到這裡或是諾加萊斯的暢貨中心，以極低的價格尋求最後機會。這樣的東西很多，南亞歷桑納州善意企業零售店架上的二手商品約有三分之二賣不出去。在這裡，商品的價格又降低更多了。根據善意企業暢貨中心裡掛著的牌子：

衣服：1.49 美元／磅

耐用品：0.89 美元／磅

玻璃製品：0.29 美元／磅

　　照重量賣是有效的策略。這間暢貨中心的銷售額在南亞歷桑納州善意企業網絡中排名前三。昨天，一個平常的工作日，它就賣掉了價值 5,000 多美元的商品。這對善意企業來說很好，如此一來，不只是從捐贈品擠出了額外的收益，還

減少了垃圾掩埋的費用。

艾柏停下堆高機，走下來。他 180 多公分、120 多公斤，是個外表令人生畏，實際上很友善親切的人。他領我走到籠子前，拉出一個特百惠保鮮碗，那在他巨大的手裡看起來就像個小玩具。「玩具跟樂高如果狀態很好，就很容易賣出去。特百惠就不是了。賣不出去的東西都是你可以在一元商店買到的東西。你可以用 1 美元買到特百惠的東西。」他指向一張擺在銷售區域門內的餐桌。「我對家具採取的策略是，如果沒賣掉，我就把價格降到 49 美分。光是因為這個價格，人們就會跑來看了。」

「為什麼不免費贈送呢？」

「免費？如果 49 美分都賣不掉，那免費也不會有人要。最後就只能送去垃圾掩埋場了。」

幾英尺遠，另外一位工作人員正在看著一個籠子被放進一個機器，機器把籠子倒過來，轟隆一聲把籠子裡的東西倒在桌上。整個過程既不小心也不優雅。我猜也不需要特別小心，畢竟全部都是要照重量賣的東西。工作人員把東西攤開，然後把桌子推到銷售區域裡。

門邊，兩輛堆滿衣服的推車用布遮著，看起來像兩具準備送去太平間的巨大屍體。艾柏示意我跟他走，同時把其中

一輛推車推進門，另外一位工作人員則跟在後面，推另外一輛推車。

「我們很多顧客每天都來。」我們走進燈光明亮、講求實用的店裡時艾柏說。店裡成排地擺著大概一百輛推車，顧客在裡面翻找，想要買到好貨。「八點到五點，或是其他時間。」他估計其中80％～90％的顧客是墨西哥人，買了東西後會運到邊境的另一邊再賣掉。

這是筆大生意。墨西哥的大型二手商會僱用成群的「採購員」每天來暢貨中心，等著新商品被推進店裡。與競爭的團體相比，安娜與妹妹算是小角色。「有時候氣氛還會變得有點緊張。」艾柏聳聳寬闊的肩膀說。「邊境另一邊舊貨交易市集上的競爭會延續到這裡來。不過還好，我們已經有一年多沒出過意外了，而且那一次意外也不是很嚴重。我只希望顧客會買很多東西。」

兩輛推車被推到一個已擺著兩輛以布遮起的推車的空間時，二十名左右的顧客放下手中的東西，圍過來等著看有什麼新商品。艾柏抓住遮布的一角，拉開。採購員立刻出手，掘進300～400磅的衣服，又拉又翻的，尋找他們知道在墨西哥能賣掉的商品。顧客們挖掘、丟開與拉扯衣服時，衣袖與褲腳如爆米花般在空中翻動。

　　「男裝牛仔褲不好賣。」艾柏冷冷地說。「通常都太破舊了，而且重量比女裝牛仔褲重，所以最後價格也比較高。」

　　「大家那麼注重價格？」

　　「是啊。」艾柏交叉起粗壯的手臂，平靜地微笑看著狂熱搶購的顧客。「會賣掉的東西在前二十分鐘就會賣掉了。之後就沒多少會賣出去了。我們會把推車留在店裡一小時左右，有時候更久一點，就看我們有什麼存貨。」我環顧一圈，四周還有將近一百輛推車，大多數都沒什麼人，就算到處都有採購員在各處翻看著，他們也是興趣缺缺的樣子。其他採購員大多坐在後面待售的零星家具上，等著耐用品（玩具、容器、行李箱等）或玻璃製品被推進店裡。才兩分鐘，搶購的狂熱就緩下來了，但是推車上的東西似乎一樣多。

艾文頓街的善意企業暢貨中心，二手商正在搶購剛推進店裡的耐用品。
將近 90% 的商品都不會賣出。

「看起來沒賣掉多少東西。」

「這裡的東西只有 12％ 會賣掉。剩下的會送去查瑞貝爾。」他說。查瑞貝爾街是南亞歷桑那州善意企業中央倉庫的所在地。根據我的估計，這表示南亞歷桑納州善意企業所收下的捐贈品，只有不到一半的比例會在亞利桑那州賣掉。

一位收銀員對艾柏揮揮手，於是我走去安娜與她妹妹那。她們站在一輛裝滿衣服的購物車旁，重新檢查挑選的衣服，把認為賣不出去的又丟回去。「我們的顧客不喜歡靴型褲。」安娜邊說邊把一條牛仔褲丟回去。接著她拿起一條紅色的裙子，小心地折起。「這在埃莫西約可以賣 2 ～ 3 美元。」

安娜動作很快，抓出一條牛仔褲，只瞥了一眼就把它掛到左手臂上。「有時候我們一週會花掉 900 ～ 1,000 美元。」她說。「有時候我們一天只花掉 20 美元。有時候又會花掉400 美元。」她妹妹伸手抓向附近一輛購物車，拉到安娜身邊。「你賣掉的價格必須是花掉的錢的兩到三倍。」安娜邊說邊把一件飾有亮片的 T 恤丟進購物車。

這週她的目標是童裝。墨西哥的學年馬上要開始了，她母親說小號童裝現在很搶手。她也在找冬裝，因為冬天就快來了，而且也是時候開始為聖誕裝備貨了。「我們的倉庫是

土桑市裡一間四房公寓，」她說，「我們有足夠的空間，問題只是時間。」

「時間？」

「衣服的品質在下降。我們以前花兩三天就可以買到足夠的衣服送回家。現在我們要花六天的時間才能找到一樣多的衣服。」

「我也聽過別人這麼講。」

「大家都知道。」

店裡另一端，兩位工作人員剛推出四輛堆著耐用品的推車。安娜抬頭看見工作人員把遮布掀開，成群的採購員隨之一擁而上。「我母親在埃莫西約的店也是這樣。她一開門，顧客就湧進來。」安娜、她的妹妹與數十個在此地的墨西哥採購員是這些店鋪在美國的代理人。

沒人知道墨西哥到底有多少二手商店與舊貨交易市集，也沒人知道這個貿易能賺多少錢，甚至沒人知道一個普通墨西哥家庭中有多少比例的東西是二手商品。這也情有可原，小規模的二手交易多以現金完成，無法追蹤，就跟墨西哥大部分的經濟一樣。根據最近一份報導，墨西哥幾乎一半的國內生產毛額沒有書面紀錄，因此無法追蹤。無形但不可或缺的二手商品，是大家缺失的關鍵。你只需要開口問。

　　稍後，我在走回暢貨中心的倉庫時思考，如果湧進安娜母親店裡的顧客看到這些裝滿沒人要的東西的推車被推出去，他們會怎麼做。他們買的想必會比採購員所買的 12％ 還要多。如果排除中間商，這些推車上的東西可能會全部賣光。

　　但是在真實世界裡，二手交易無法如此運作。對善意企業來說，開店與經營其廣大的社會服務網絡，是要花錢的。對安娜與她妹妹來說，花一整天在暢貨中心、開車把買來的東西載回家、然後再開車運到墨西哥，也是要花錢的。也許偶爾有人會出於慈善做這些工作，但實際的情況是，幾乎沒有人會不求回報地在舊衣服與破玩具裡翻找。

　　附近，一位年輕男子正拿著雪鏟，把一輛推車裡擺了一個小時後仍沒賣出的耐用品鏟出來。每一鏟子上的東西都被扔進一個巨大的洗衣機紙箱。我看到一個相框從鏟子上掉下來。相框裡是 1981 年北亞利桑那大學頒發給某個羅納德・亨利・德維特的理學碩士學位證書。然後它馬上就被掩埋在下一鏟的東西下面。

　　推車清空後，會再裝滿待售的商品，而洗衣機紙箱則會擺到一邊，最後裝到卡車上，運到南亞利桑那州善意企業的中央倉庫。對絕大部分的東西來說，這就是終點了。沒賣掉

的衣服會再包裝起來，外銷到世界各地。但是耐用品，從玩具、花盆、攪拌機、保齡球，到所有大多數美國人視為「東西」的物品到此就結束了。有些可能會被挑出來回收，但是幾乎所有的東西都會送去垃圾掩埋場。一個沒人要的塑膠玩具飛機、一座破舊的塑合板電視櫃，或是一個零散的吸塵器軟管，已經沒有什麼挽救的機會了。如果有，善意企業早就嘗試了。

但是情況還可能更糟。如果墨西哥或美國制止二手商的交易，例如邊境被封鎖，或是禁令被嚴格執行，南亞利桑那州善意企業的顧客就會更少，而土桑市將有更多的物品最後會落得沒人要的處境，被送去垃圾掩埋場。同時，由善意企業所資助的廣大社會服務網絡會縮小，使得許多窮困的土桑市民無法接受教育或其他資源，以協助他們找到工作。

一個週六傍晚，我待在土桑國際機場附近的旅館，賣鞋男傳簡訊給我。他剛越過邊境，準備來購物。「5：45 在瓦倫西亞見？」瓦倫西亞指的是善意企業位於土桑市南邊西瓦倫西亞街上的店。我回覆他我會準時到，然後便開車前往該店所在的長型購物中心。

我抵達時，賣鞋男還沒到。他傳 WhatsApp 告訴我，邊

境前的墨西哥那邊塞車。十分鐘後他終於出現時，我看到他遲到還有另外一個原因：他的皮卡車上綁著一台冰箱。他說他從諾加萊斯往北衝時，臨時決定去土桑市南方約 20 英里處綠谷那裡的善意企業看看。那冰箱他不得不買。「價格太理想了。」他難為情地說，跟我握手，然後領我走進店裡。

「我可以在三小時內逛十間善意企業。」他吹噓說。他如此有效率的祕訣是頻率。他一週會造訪南亞利桑那州善意企業的十六間零售店好幾次，有時候一天兩次。所以，如果店裡有新東西，他馬上會注意到。

首先，當然是看鞋子。我們在鞋架前放慢腳步，但是沒停下來。賣鞋男抓起一雙黑色的亞瑟士。「這雙是復古風，大家都喜歡，但是鞋底要裂開了，看到了嗎？」他給我看鞋底上一個一英寸長的小裂縫，然後把鞋又放回去。接下來，他伸手去拿一雙 K-Swiss，不看鞋裡或鞋底的標籤，就說：「七號。」他給我看鞋裡印著「七號」的標籤，然後笑嘻嘻地把鞋擺回去，順手又抓下兩雙 Air Jordan（「中國製，但是我可以賣掉」）和一雙黑色的 Reebok，最後又取下一雙芭蕾舞鞋交給我拿。接著我們前往家電區。「我想要一台洗衣機。」他邊說邊掃視一眼家電區裡的幾台冰箱與一台工業式吸塵器。「沒有。」他繼續走，但是停在一張實木餐桌邊。

「只有三張椅子。如果有四張,我就買了。」

「三張椅子有什麼不好?」

「沒有人會買只有三張椅子的餐桌。這已經擺在這裡三天了。相信我,這桌子永遠也賣不出去。」

「真的?」

「三張椅子,沒有人會買。」

然後我們前往收銀台。收銀員對賣鞋男露出微笑。「嗨,鞋先生。」

他對她露出一個害羞的微笑,把一張善意企業禮品卡遞給她。他喜歡用禮品卡付帳,不喜歡用現金。「用現金付太慢了。」他跟我解釋。他總共花了 34.96 美元。

我跟著他走出店門,走到他的皮卡車。他把裝著鞋子的袋子丟到後座,然後我們很快就開上 10 號州際公路。「你在暢貨中心買過東西嗎?」我問。

「我不喜歡暢貨中心的場面。每個人都知道每個人的生意。」土桑市平緩的輪廓出現在遠方,將一個強烈的沙漠日落反射到我們眼中。「而且我不喜歡浪費時間。如果我找到什麼好東西,我就買。我不像這樣——」他掏出手機,在手中翻轉,假裝在檢查玻璃上有沒有任何裂痕(在時速 75 英里的車速下)。這時,一則 WhatsApp 簡訊出現在螢幕上。他

瞥了一眼，然後把手機放到膝上。「而且新的東西也得買。」

「你也買新東西？」

「如果你不花錢買新東西，整個世界就無法運作。所以啦，上餐廳、付錢、買東西！我們每個人都得花錢。否則整個體制就崩潰啦。社會主義嘛。」

我傾向於表示同意，但是我也想看看這對話會怎麼發展。「那我們的環境呢？」

「我個人是支持環保，也主張保護動物權益。前幾天我在公路上撞到一隻貓豬，心裡很難受。但是現在我跟耶穌講和了：我在公路旁加油站的廁所看到有個人要昏倒了，及時扶住他。跟耶穌講和了。但是你還是得買東西，讓別人可以存活。」

賣鞋男停在西伊那街與北香農街交叉路口的善意企業。就跟在西瓦倫西亞街一樣，他馬上就快步走進店裡，直接到鞋子區。他拿起一雙黑色的 Air Jordan Mid'Flight，一邊檢查一邊沿著鞋架走，繼續尋找好鞋。有一雙十三號的 Nike 籃球鞋。「真不錯，」他嘆息說，「我們那裡的人個子夠高大，可以穿。索諾拉州的印地安人。但是他們只想穿涼鞋，腳太寬了。」

我們經過一個擺滿全新萬聖節裝飾品的架子。「如果是

聖誕節裝飾品，我會馬上買下。」

「新的你也買？」

「當然啦。你上哪裡買舊的節慶裝飾品？」

前往家電區的路上，賣鞋男看到一台甜甜圈機。「如果我知道誰在做甜甜圈……」他停下來思考。「但是如果你在做甜甜圈，大概不會買這台機器。」在玩具區，他瞥見一個塑膠袋裡裝著三個《魔戒》的哈比人玩偶、一台《星際大戰》的鈦戰機，以及一個哈利波特可動玩偶。標價是 2.99 美元。「這我可以賺一筆。」他還抓了一個看起來像 M&M's 巧克力的棕色撲滿。「大家都喜歡 M&M's。」

我們快步穿過女裝區時，他停在一個擺滿短褲的桌子前，抓起一條短到不能再短的短褲。「Hollister 牌，三號大。這是給瘦巴巴的白種女人穿的。墨西哥女人得穿更大的。」

我揚起眉毛。

「真的啊！」他說，「你要了解你的市場呀！」

才過了不到五分鐘，我們就在櫃台前排隊了。還沒輪到我們，一位收銀員抬起頭，微笑說：「你好嗎？鞋先生？」他看看手中的 Nike 鞋、M&M's 撲滿與那袋塑膠玩具，說：「我需要更多東西。」

接下來的一個半小時，整個過程就像這樣。我們穿梭於

土桑市，沿著一條他已開過上千次的路徑，從一間善意企業開到下一間善意企業。在店裡，他的路徑一樣一成不變：依照店裡的陳設，從鞋子到家具，再到電器與玩具，大致就是如此。

這個做法通常收穫很大。但是今天沒有多少東西可買。「今天成果很差。」載我回到西瓦倫西亞街的停車場時，他聳聳肩說。「週末也許會好一點。但是今天成果很差，真的很差。這週末應該會更好。」

「你會再回來？」

「會啊。」

「還會做點別的事情嗎？比如說看場電影？」

「不看，太忙了。」

賣鞋男沒跟我透露多少私人的事情。他在這一帶有家人，常常與他們待在一起。他還喜歡狗（而且收養流浪犬）、李小龍，還有被善意企業的收銀員認出來。不過這都只是不經意提起的。除了二手商品，他最常談到的，是他獨自度過的時間。

「如果你像我這樣生活，開車到各處買東西，來來回回，很難找到伴侶。我住在路上。我自由自在。」

第七章

縫線下起毛球了

▼

艾瑞克・施密特是南亞利桑那州善意企業的營運副總裁，他無窗的辦公室位於電子商務部樓下。在電子商務部，最有價值的捐贈品，也就是所謂的「好東西」，會放到網路上販賣（最近才有一幅看起來平淡無奇的畫以 24,000 美元的價格售出）。它位於一間倉庫的轉角，該倉庫則是一個忙碌的轉運站，每年處理成千上萬出入善意企業系統的捐贈品。這位金髮、四十歲左右的明尼蘇達州人有一整隊卡車可指揮，在零售店、垃圾掩埋場、回收場與國際舊貨市場之間來回運送一批又一批的物品。施密特抓起電腦滑鼠，拉下一個試算表。一個表格顯示出捐贈中心每天累積的物品總量。另外一個則顯示出善意企業卡車當天要行駛的路線，以及要運送或領取的東西。比如說，一輛卡車今天準備把「產品」運到米德維街上的店，因為該店得到的捐贈品不夠，然後再去一個富裕街區的另一間店領取過剩的捐贈品。「店裡的人會打電話跟我說：『我需要商品！』」他笑說。「噢，那我跟捐

贈人講一聲！」不過他不完全是在開玩笑。善意企業在選擇店面與捐贈中心的地點時，部分就是根據它預期在何處會得到夠多的捐贈品，可以送到捐贈品不多的店去。施密特在派遣卡車時，其實就是在縮小社會與收入的不平等。

我們走進倉庫。右邊是成堆在店裡或暢貨中心沒賣掉的電腦與螢幕。善意企業會把它們送去給戴爾電腦回收。電腦後面，有三張看起來全新的咖啡桌。「這是我們青年修復計畫的成果。」他解釋說。「接受捐贈但是賣不出去、本該送到垃圾掩埋場的家具，就由計畫的成員來修復。」

該計畫始於 2014 年，對象是曾進過青少年司法系統、沒有多少就業經歷或沒有多少機會發展「軟性技能」（像如何與同事互動）的十八至二十四歲青年。施密特就跟南亞利桑那州善意企業裡每個人一樣，他熱愛該計畫，並急於讓我認識計畫的協調人，以及一位正在工作的青年。青年正在修復的桌子美麗如新，就快完成了。「這張桌子會擺去我們的家具展。」施密特說。「大家很喜歡我們的家具展。常有人會來問我們可不可以修復他們的東西。」他露出一個惋惜的微笑。「但是我們只能專注在被送到這裡的東西。」

青年修復計畫的起源可追溯到善意企業初創時，當時的波士頓教會僱用城裡的窮人收集與修補衣服。但是就如同該

計畫無法消除衣物浪費，南亞利桑那州善意企業的青年修復計畫也無法明顯減少將被送去土桑市（以及美國各地）垃圾掩埋場的家具。該計畫每個月修復約 4,000 磅的家具，而美國人光是 2015 年就扔掉了 250 億磅的家具。施密特指向卸貨區附近的一堆家具。就跟善意企業裡每個人一樣，他痛恨浪費，尤其還得花錢在垃圾掩埋上。

「這些家具都不差，」他窘迫地說，「但是我們沒有地方放。」

「你們可以修復更多家具嗎？」

他搖搖頭。「我們的焦點是我們的青年與我們的使命。想要修復更多家具，就表示需要更多人、更多錢與更多空間。這不是做生意，這是青年計畫，我們想協助青年找到工作。像這樣的計畫是要花錢的。」

施密特並非在逃避我的問題，也不是在逃避責任。我在二手產業中遇到這麼多人，他是最明顯因為物品氾濫而感到煎熬的人。身處供應與需求的交叉路口，他也是最實際的人。事實就是，就算美國每一間善意企業與救世軍展開自己的青年修復計畫，而且以南亞利桑那州三倍的量進行，加起來的總數仍然不及美國人丟掉的家具的 1%。這個做法還會損失大量的金錢，危及兩個機構都追求的社會服務使命。

　　我們看著一位青年處理一張桌子的表面時，我告訴施密特，宜家家具永續部門的負責人最近在一研討會上說，西方社會的消費者對新家具的胃口恐怕已飽足了，他稱此現象為「峰幕」（peak curtains）。[22]

　　施密特不以為然：「如果這世界已經有足夠的家具，為什麼這裡還有這些東西？」

　　我們走出去，來到卸貨區。一輛卡車剛從艾文頓街的暢貨中心抵達，正在卸貨：大箱大箱沒賣掉的衣服、大箱大箱沒賣掉的用具、大箱大箱待回收的金屬、大箱大箱待回收的紙板與紙類、大箱大箱待扔掉的塑膠。有些箱子的內容物被倒進更大的清運卡車。塑膠與用具則被倒進將運至垃圾掩埋場的清運卡車。我彎身向前往裡瞧，看到捲起的地毯、保齡球（總是有保齡球）、桌遊、破掉的盤子。金屬被扔進一個將前往廢金屬場的清運卡車，裡面有一堆糾結的床架。

　　施密特停在一個裝著廢金屬的箱子前，抓出一個還很新的炒鍋。「如果我還有人力來做篩選的工作，這些東西很多都可以在店裡賣掉。人們總是在問這個問題：我們不能在最

---

22 Farrell, Sean. "We've Hit Peak Home Furnishings, Says Ikea Boss." Guardian, January 18, 2016. https://www.theguardian.com/business/2016/jan/18/weve-hit-peak-home-furnishings-says-ikea-boss-consumerism.

後把好東西再挑出來嗎？但這是成本效益的問題，再把人力花在這，經濟上划不來。」

我們站在卸貨區邊，望向一個隔開的區域，裡面成箱成綑的東西已堆疊好，準備運去「搶救市場」，這個詞在慈善產業指的是外銷市場。成箱的鞋子、成箱的玩偶、成箱的書。而最多的就是每綑 500 磅重的舊衣服。這些龐大多彩的立方體全是民眾以最誠心的善意所捐贈的衣服。但是單單最誠心的善意並無法把衣服賣出去，送到善意企業一半以上的衣服最後都沒賣掉。施密特的通訊錄上滿是巴基斯坦、印度與奈及利亞二手商的電話號碼。這些二手商會定期打電話給他尋找產品。

「紡織品是基礎。」施密特告訴我。「狀況好的時候，我們一個月可以外銷 40 萬磅的衣服。」這麼做有兩個好處，首先，舊衣服便可以再利用，而非被送去垃圾掩埋場；再來，外銷給付費採購舊衣的二手商，比送去垃圾掩埋場便宜。最近幾年，「搶救市場」還是善意企業的「盈利中心」。但是，隨著越來越多舊衣服湧入國際市場、拉低價格，這個狀況也在迅速改變。「目前，運到國外（因為衣服被賣掉，所以有收益）還是比送去垃圾掩埋場便宜。」

這就使我不得不問：「你會把衣服送去垃圾掩埋場嗎？」

他猛搖頭。「送去垃圾掩埋場還是得花錢，而外銷通常是好事，因為在國外總是有人可以用到。對我們來說，最大的問題是這些東西最後要去哪，因為還有這麼多東西。」

而且，東西的數量還在持續增加。

加拿大安大略省密西沙加市的湯肯街上，一棟普通單層辦公空間的幾間辦公室內，是舊衣外銷公司（Used Clothing Exports）的總部。這裡離多倫多有幾英里遠，與幾十億仰賴二手服飾的新興市場消費者則隔著幾片大洋。但是加拿大與美國所產生的舊衣服也許有高達三分之一是在密西沙加這裡被所謂的「分揀商」分類、標價與運出。這裡是世界上最大的舊衣買賣中心。然而，在二手產業之外，很少人知道這裡有將近二十間舊衣買賣公司。

辦公室內，穆罕默德‧費薩爾‧莫勒迪納在辦公桌上為我準備了奶茶與印度咖哩餃。四十多歲的他頭髮精心梳整過，面容英俊、雙眼疲憊，穿著一套光亮的灰色西裝。他告訴我，他的丈母娘稍晚會從杜拜抵達，而家中的準備工作很累人。他的父親阿卜杜勒‧馬吉德‧莫勒迪納是公司的創辦人，他高雅顯貴、略帶福態、蓄著鬍子，此刻正坐在穆罕默德右邊。目前，父親與兒子在名片上印著同樣的頭銜：董事

長。

　　穆罕默德接起電話，於是阿卜杜勒示意我走到他書桌後去看他的電腦螢幕。他在瀏覽一個網頁，上面一張張的照片是工作人員（看起來是南亞人）在挑選分類成堆的舊衣服。「你應該去那裡看一看。」他說。「帕尼帕特。」

　　帕尼帕特是印度北方的一座小城，擁有世界上最多的舊衣回收商。「你去過嗎？」我問。

　　「我們是巴基斯坦人。」

　　「當然。」我難為情地說。莫勒迪納家族幾十年前從巴基斯坦移民至加拿大，但是巴基斯坦與印度之間的歷史衝突使兩國國民難以互相造訪。不過儘管如此，莫勒迪納家族的事業仍然蒸蒸日上。每年，舊衣外銷公司會從北美各地的慈善機構與公司買進 6,000 萬～ 7,000 萬磅的舊衣服（南亞利桑那州善意企業也曾是顧客），然後再賣給所謂的「分揀商」，分揀商會將之分類、標價、包裝，再賣到世界各地。

　　穆罕默德還在講電話，於是阿卜杜勒決定向我透露一個祕密。他從架子上抓下一條牛仔褲，放到辦公桌上，褲子上面的標籤寫著：「501 ORIGINAL. QUALITY NEVER GOES OUT OF STYLE」（原廠 501。品質永遠不退流行）。但是這件看似 Levi's 的牛仔褲，其品牌標籤印著「Live's」。

「你看到了嗎？」阿卜杜勒問。

「看到了。」

「在巴基斯坦，他們會把這牛仔褲翻新。」

「翻新？」

他抓起一隻褲腳，翻起摺邊。「你看到這縫線有多不工整、還起毛球了嗎？這是在工廠做的。他們會從某個地方進口這些舊牛仔褲，洗淨、染色，然後修補好這些瑕疵。」他取下一件用透明塑膠布包起的男裝襯衫，還有一條綠色的男裝卡其褲。「這也一樣。」他說，「然後他們把它們出口到一元商店。」他給了我一個店名和地址，說是一間在密西沙加販售這類衣物的店舖。

「真的？」

他的笑聲深沉而自信。這玩笑是對我開的，我是已開發國家天真消費者的代表。我覺得自己真傻。巴基斯坦是世界上規模數一數二的舊衣進口國，擁有幾千家二手店舖與幾千萬名消費者，當中想必有目光敏銳的企業家能在幾十億件舊衣服中看到哪些可以翻修成「新」衣服。這樣的企業家其實更有可能存在於像巴基斯坦這樣的開發中國家，畢竟二手商品在此處就是生活的方式，而在富裕的地區，法律則有可能把「新」的視為「假」的。

　　穆罕默德打完電話了，說我們可以去看一個舊衣分揀商。他領我走出辦公室，坐進他的賓士。車裡有香菸味，副駕駛座上堆滿了東西，他還得先清掉。「我希望你不介意，不過我們要去看的是一間小工廠，大概有五十名員工。」

　　「那什麼算大工廠？」

　　「三百名員工，每個月營業額 2,000 萬美元。每天處理 20 萬磅的衣服。」

　　名義上，每年有 400 萬噸的舊衣被外銷至世界各地。實際上的交易量還更大。儘管印度禁止進口二手服飾已超過十年，進口的二手服飾仍然到處都買得到，甚至在德里與孟買的政府機關大樓視線可及的市場也買得到。

　　穆罕默德注意到汽車汽油少了，於是開進一間加油站。加油時，他點燃一枝香菸，接起電話。我看著他把菸灰彈進加油機旁的垃圾桶裡。然後我們又上路了，他邊開車邊為我指出密西沙加不同的舊衣分揀工廠都位在哪。「在那後面，是一間大間的。」他說，同時指向一間提姆霍頓咖啡館後面的倉庫。

　　「為什麼這些舊衣分揀商都在密西沙加？」我問。

　　「密西沙加是個移民城市。」幾十年來，加拿大一直是個移民國家，多倫多作為最大的城市，吸引了許多這樣的移

民。後來多倫多物價變得太昂貴，鄰近的密西沙加就成了理想的去處。穆罕默德以及與我交談過的人，都無法確定誰才是第一個定居於此並從事二手服飾行業的移民。但是大家都同意，這第一個移民不是巴基斯坦人就是印度人，並且家族在這一行已經有幾十年的歷史，然後在 1970 年代或 1980 年代初期某時，這個南亞移民剛好結識一個急欲把舊衣外銷回家鄉的非洲移民。

密西沙加的漫長寒冬也是一個有利的因素，因為如此一來夏裝穿起來的時間短、頻率少。也因此，來自加拿大（與北歐）的二手夏裝在二手服飾消費最多的炎熱國家標價極高。這個高價也使得加拿大的舊衣分揀商與貿易商在別處競爭時占有優勢。再加上尋求低技能工作的大量移民，密西沙加便成為全球回收中心的理想地點，儘管有些不可思議。

穆罕默德住在巴基斯坦與杜拜，但是他說自己最喜歡待在加拿大。「這裡的生活很真實。」他認為，在巴基斯坦與杜拜，人們太擔憂自己的身分地位了。「在這裡，如果我戴勞力士錶或穿一件好西裝，那純粹是因為我喜歡。」

這使我想到一個問題。「你穿二手衣嗎？」

「不穿。我不排斥二手衣，只是我不穿。」

　　這幾年來，批評國際二手服飾貿易的人指責該貿易打擊
了開發中國家的紡織業，尤其是非洲。這個說法很有力，直
覺上也很有道理。非洲是全球最大的二手服飾市場，而且已
經維持好幾十年了。與此同時，它的紡織業自 1980 年代起
驟然衰落。比如說，在剛果民主共和國，從 1990 年到 1996
年，其紡織業的產量便下降了 83％。在奈及利亞這個人口最
多的國家，其在 1970 年代曾僱用高達二十萬名員工的紡織
業，如今幾乎已完全消失。肯亞擁有世界上前幾大的二手服
飾市場，其紡織業在 1980 年代曾僱用多達五十萬名員工，
如今的員工數還不到五萬。

　　地理學家與其他學者共同致力證明這個說法。當然，
其中最知名的就是加拿大學者葛斯・弗萊奇。 2008 年，他
分析由聯合國所收集的二手服飾貿易資料，並且總結出二手
服飾的出口能夠解釋為什麼「非洲的服飾業生產量下降了約
40％，以及服飾業的僱用率下降了約 50％」。[23] 弗萊奇的理
論還超越了學術期刊，在主流媒體中不斷被反對全球化的激
進人士所引用，甚至還包括主張永續環保的人士，畢竟這些
人士在一般狀況下會鼓勵大眾大量使用二手商品，而非使用

---

23 Frazer, G. "Used Clothing Donations and Apparel Production in Africa." Economic
　　Journal 118, no. 532 (October 2008): 1764–84.

新產品。

　　毫無疑問，二手商品經常取代新產品（但是在我眼中，取代的程度還不夠），但是要量化取代程度非常困難，就連在稅務與貿易資料充分完整的已開發國家也是。而在開發中國家，像是撒哈拉沙漠以南非洲地區，政府連收集到可靠的資料與數據都有難度，幾乎不可能實際量化取代程度。[24] 二手服飾的主要進口國家，像是貝南、多哥、迦納、坦尚尼亞與莫三比克，都只有零星的貿易資料。而且大部分的資料只專注於能額外吸引國外投資與援助的的商品（也就是新產品）。而且，在非洲國家之間所走私的大量二手服飾方面（貝南與奈及利亞之間是全球二手貨走私中心），他們顯然沒有任何資料。

　　這個過分簡化的解釋以「二手物品勢必會打擊新產品」這看似合理的因果關係為基礎，並無法充分說明每個消費者做出特定選擇背後既複雜又人性的理由。確實，非洲的紡織與服飾產業自 1970 年代起已明顯衰退。但是在這個期間，非洲的棉花產量也一樣驟然下降了，不亞於紡織品生產量下降的程度，其原因包括土地改革、政治衝突、戰爭，以及最

---

24 詳見：Jerven, Morton. *Poor Numbers: How We Are Misled by African Development Statistics, and What to Do About It.* Ithaca, NY: Cornell University Press, 2013.

近的氣候變遷。另一方面，在此期間，經濟自由化將非洲市
場開放給來自亞洲的競爭（亞洲也打擊了北美與歐洲的紡織
業）。 2005 年，亞洲快速成長的紡織與服飾業出口至非洲的
成長量甚至還超過出口至歐洲與美國的成長量。其所導致的
競爭嚴重打擊了非洲的製造商，並拉低了全非洲紡織業工人
的收入。[25]

　　儘管如此，光憑不完整的貿易資料無法解釋這些現象。
若要找出非洲的紡織工業到底經歷了什麼變化，就必須前往
當地與親身體驗這變遷的人交談。自 2000 年代中期，迦納
工會的領導層指責有兩個相關的現象導致該國一度繁榮昌盛
的紡織業現在如此衰落：中國的廉價工廠仿冒迦納的品牌與
風格，以及東亞出口商大規模規避迦納的關稅。[26] 這不無道
理。比如說，迦納傳統多彩的「肯特布」曾外銷至全非洲與
全世界，在 1980 年代其製造商還僱用了三萬名員工。但是
此後，來自中國的仿冒品湧進市場，嚴重打擊肯特布的製造

---

25 導致非洲紡織服飾業衰落的複雜因素，詳見: Brooks, A., and D. Simon. "Unraveling the Relationships Between Used-Clothing Imports and the Decline of African Clothing Industries." Development and Change 43, no. 6 (September 2012): 1265–90. https://doi.org/10.1111/j.1467-7660.2012.01797.x.

26 Opoku, Darko. "Small-Scale Ghanaian Miners and the Textiles and Garment Industry in the Age of Chinese Economic Onslaught." In Challenges to African Entrepreneurship in the 21st Century (United Kingdom: Palgrave MacMillan, 2018), 147–78.

商，現在迦納的肯特布製造商只有不到三千名的員工。[27] 在迦納市場上，消費者知道當地製造的肯特布價格更高，因此自然選擇了價格更低的中國進口肯特布。迦納肯特布製造商的處境是如此危急，結果迦納政府鼓勵大眾於每週五穿著傳統的迦納服飾反而被譏為是為中國人創造工作機會。[28]

如果把二手服飾視為西方殖民主義的延伸，那麼迦納紡織業在最近幾十年衰退了80％的原因，並不能單純用東亞的創業精神來解釋。但這是更好的解釋。

當然，如果可以選擇，就跟全世界各地的人們一樣，大多數非洲人寧願選擇新產品，但是所有消費者都會就價值與財務能力做出理性的決定，這種時候人們往往還是會選擇二手商品。

穆罕默德・費薩爾・莫勒迪納右轉駛入達斯提路，開進瑪普紡織廠（Maple Textiles）巨大的黃色倉庫前幾乎全空的

---

27 Yebo, Yeepoka. "Chinese Counterfeits Leave Ghanaian Textiles Hanging by a Thread." Christian Science Monitor, May 31, 2015. https://www.csmonitor.com/World/Africa/2015/0531/Chinese-counterfeits-leave-Ghanaian-textiles-hanging-by-a-thread. Marfo, Nana. "The Death of Ghana's ApparelIndustry." Worldwide Responsible Accredited Production, August 31, 2018.

28 Foster, Rosina. "National Friday Wear Program Creating Jobs for the Chinese." 3News.com, January 25, 2017. https://3news.com/national-friday-wear-program-creating-jobs-for-the-chinese/.

停車場。穆罕默德告訴我，隔壁的倉庫也是一個南亞人開的
服飾分揀商。不過我們來這裡是要參觀瑪普紡織廠，穆罕默
德自信滿滿地走向門口，深知自己是重要的顧客。高瘦年輕
的尤瑟夫在門口迎接我，他是莫勒迪納家族的一員，擁有該
公司。

　　我們走進紡織廠，這裡的辦公室空蕩蕩的，最大的房間
光線昏暗，只擺著一張辦公桌、幾張椅子，還有兩張桌子。
我們一邊快步經過，尤瑟夫一邊敘述他有二十年的時間住在
烏干達、安哥拉與剛果，從事二手服飾貿易。根據他與穆罕
默德的說法，這個經驗是很大的競爭優勢。「我知道怎麼選
擇非洲人喜歡穿的衣服。」

　　尤瑟夫打開一扇門，我們便走進一個三層樓高的倉庫，
裡面滿是五顏六色的衣服，幾十名員工在忙著分類並塞進不
同的紙箱與紙桶。倉庫的中央有一條黑色的輸送帶在運轉，
灰色的磚牆邊則是幾百個已整齊包裝好、55 公斤一綑的衣
服，幾乎都堆到天花板了。55 公斤一綑是世界各地都愛用
的工業標準，由機器把零散的衣服壓縮成立方體（偶爾也會
有袖子露出來）。由於全是布料，因此聲響都被吸收掉了，
聲音也被淹沒。

多倫多郊外的中型二手衣交易商瑪普紡織的分類室。該地區是世界二手紡織品貿易中心。

　　瑪普紡織廠有很多衣服,這一點毫無疑問。這裡也有很多不同的員工:南亞人、錫克教信徒、兩位說西班牙語的女子、非洲人、幾位戴頭巾的女子。他們提防地看我一眼,又把頭轉開。

　　我們走在桶子與紙箱之間,走向輸送帶。輸送帶緩慢地運來以 500 磅一大綑送來的衣服。員工把衣服拉出來,再依等級分為更小、更精細的類別。「我們會先分到箱子裡,」尤瑟夫說,「然後我們更有經驗的員工會再分到桶子裡。」他從一個箱子裡拉出一件 Abercrombie & Fitch 的細條紋男裝襯衫。「這是 B,因為領子黃了,而且要洗。所以這件會裝

到 B 級的大綑，賣價低一點。」

我們望進一桶尤瑟夫稱之為「三號」的衣服，裡面大多數的衣服都磨損了，而且布料感覺起來薄而廉價。「這會拿去做成抹布。」他說。

穆罕默德從一個紙箱裡拉出一件綠色的天鵝絨晚禮服，看起來很昂貴，而且似乎從沒被穿過。「那這件呢？」

「這有點棘手。」尤瑟夫說，「這晚禮服看起來是很不錯，但在炎熱的非洲太厚重了，所以也是 B。」

我突然想到，這景象我以前見過：這個分揀的過程，基本上就是我在南霍頓街的善意企業後方所見到的分類與標價過程，只不過這裡分得更詳細。此外，善意企業是為土桑市的顧客分揀與標價，密西沙加則是為非洲與其他開發中市場分揀與標價，而非洲市場的眼光似乎更敏銳、更挑剔。

我們走到一疊已經分類好、整齊紮妥、準備運輸的成綑衣服前面。每一綑都用塑膠膜包起，還附有一個黃色的標籤，標籤上能夠看到條碼與類別：時尚女裝 T 恤。

「這綑會賣多少錢？」

「也許 60 美元吧。」尤瑟夫說。「然後買去的人每件 T 恤會賣個 15 或 20 美分。如果幸運，裡面或許有某件衣服可以賣更多錢，那整綑買下來就值得了。」接下來五分鐘，尤

在瑪普紡織廠，分類好的成綑二手服飾馬上就會裝入貨櫃，運到非洲的市場。

　　瑟夫為我們指出每綑衣服，解釋每綑衣服的市場。一綑嬰兒童裝每磅的價格高達 1 美元，這類衣服需求很高，但是通常不會捐贈給慈善機構。「人們通常會把童裝送人，所以最後都太髒了。」一綑醫護人員制服，大多是手術服，每磅可賣50 ～ 60 美分。「要維持這樣的低價越來越難了，因為中國也開始把他們的舊衣服出口到非洲，」他說，「很難跟他們競爭，而且他們出口到非洲的新衣服也一樣便宜。」

　　「中國也把舊衣服出口到非洲？」

　　「當然。」

　　我早該猜到的。中國是世界上最大的一手服飾消費者。

如果中國人開始以跟美國人一樣的速度丟棄舊的衣物，那麼二手衣物的價格就有麻煩了。而這股洪流已經開始了，根據聯合國不完整的資料顯示，中國是世界上第五大舊衣出口國，僅次於美國、英國、德國與南韓之後，名列於加拿大、荷蘭與瑞士等富裕國家之前。由於中國的出口數據時常有誤，或者是因走私而遭到扭曲，實際的數字可能還更高。總之，世界各地的二手商都在抱怨，供應增加與需求減少都導致價格降低。

但是中國富裕起來並不是唯一威脅密西沙加的轉變。回到車上後，穆罕默德告訴我，加拿大目前有一條提高最低薪資的法律，這導致勞工成本增加，使得分揀的過程不得不轉移到巴基斯坦。「一個月付給分揀商 300 美元或 1,500 美元，這是很大的差別，如果衣服價格也在上漲，那倒無所謂，但是衣服的價格在下降。」

我突然想到，總得有人要負責運輸的費用，而如果是價值較少的商品，恐怕根本沒有必要出口了。我想到土桑市與施密特的「搶救市場」。「這表示衣服被再利用的程度就會更少了，對不對？」

「也許吧。」穆罕默德慢慢說。

　　寬闊的大道橫越西非小國貝南的首都柯多努。一層樓的店面前滿是輪胎內胎、排氣歧管、消音器、汽車蠟等汽車配件，這些配件服務於該市興盛的二手車交易。這裡有許多附帶戶外座位的酒吧，賣著烤肉串與鄰國多哥所釀造的皮爾森啤酒。此外，這裡到處都是販售床單與窗簾等全新居家用品的商店。

　　離開鋪著地磚的平坦大街，通常會轉進一條乾燥的泥路，兩旁的商店與攤販在販賣或分類剛進口來的二手商品。這座城市被柯多努運河分為東西兩側，二手服飾生意在運河西側的密瑟波區特別盛行。襯衫、洋裝等服飾掛在攤子邊或商店前所豎起的圍欄，鞋子則猶如魚鉤上的魚那般零散地掛著。路上到處都是拉著拖車的腳踏車、拉著拖車的卡車，以及載著 55 公斤成綑衣服的男人。

　　我跟麥可‧歐波納在這裡碰面。麥可是個看起來四十歲左右的奈及利亞人，在柯多努東區龐大的二手車市場謀生。根據某些估計，每年有超過三十萬輛的二手車從世界各地進口到這個塵土飛揚的港市。有些車會被當地人買走，但是大多數的車都是被奈及利亞人買走，因為直接進口到奈及利亞的汽車（以及其他二手商品）需要付很高的關稅。於是，對預算精打細算的奈及利亞人會來到柯多努，付錢給麥可這樣

的人，協助他們買到車，然後安全通過該市東部貝南與奈及利亞之間鬆懈腐敗的邊境關卡（在正常的日子，麥可這樣的人通過邊境通常要花好幾個小時，需要賄賂五到六名官員，但收益還是大於成本）。

　　沒有人確實知道貝南與奈及利亞的邊境之間進行著多少貿易往來。世界銀行估計其每年可能超過 50 億美元。而二手貨物應該占了最大比例，因為奈及利亞對於進口二手貨物有很嚴格的限制，包括汽車、電腦、電視與服飾等。其次呢？極有可能是每年價值 22 億美元的中國仿冒服飾。[29] 其實，從各方面來看，柯多努根本就是奈及利亞。包括政府官員在內，所有人都承認，無論什麼時候，認柯多努都有過半的人口是奈及利亞人，而且多少都在進行非法邊境交易。柯多努市內不少奈及利亞人長期定居在此，有些人自 1960 年代晚期的內戰期間逃出奈及利亞後就沒再回去了，有些則像麥可一樣，兩地來來回回（他的妻小則住在奈及利亞）。

　　多虧了邊境兩邊的奈及利亞人，柯多努的出口貿易日日夜夜進行著（貝南政府深知此貿易帶來的好處，也不插手管理）。不過，奈及利亞政府偶爾會出手干預，然後貿易就

29 Burgis, Tom. "Nigeria Unraveled." Financial Times, February 13, 2015. https://www.ft.com/content/b1d519c2-b240-11e4-b380-00144feab7de.

會放緩幾個星期或幾個月。這也是我僱用麥可當我的翻譯與
「導遊」的原因。兩週前，奈及利亞對二手車的交易實施新
的限制，使柯多努二手車市場的生意幾乎停滯下來（但是幾
個月後又會恢復）。麥可個子高大、腦袋圓圓的、微禿，他
總是眯著眼睛，彷彿隨時在查看一樁交易。他熟悉時事，
固執己見又直言不諱。他認為歐巴馬失敗了，覺得川普是個
「真正的男人」。他堅決認為二手商品比新產品更好。

　　我們走在路上時，他扯扯身上的襯衫。「這是二手
貨。」然後又拉拉腿上的長褲。「這也是二手貨。」他掏出
一支威訊通訊的三星手機。「二手貨。」他氣呼呼地說。「美
國人都習以為常了，他們早就習慣了，只要有新的產品，他
們就把舊的丟掉。拿去回收，他們才不在乎。全部送出去。
也許慈善機構能從中賺點錢吧。」

　　「為什麼奈及利亞人想買二手貨？」他問。「因為耐用
啊。我們從中國進口的那些東西？馬上就壞了、舊了！」他
停下來，在手機上找照片。「你看，」他給我看滿架子的二
手衣與二手鞋（我從照片中瞥見了善意企業的商標）。「他
們把這些東西裝進貨櫃裡，」他驚呼，「這在奈及利亞可以
賺大錢呢。」

　　我想告訴他事情沒那麼簡單，照片上那些東西的價格遠

遠超出在柯多努可以賣出的價格（架子上沒賣掉的東西又是另一回事），但是當他凝望著密瑟波時，眼前似乎已經想像出善意企業的零售店，在那裡所有東西幾乎都是免費的。

「嘿！嘿！」

一個精瘦結實的男人從他的紅色塑膠椅上跟我們揮手，椅子旁邊擺著三綑衣服。他後方是間倉庫，從敞開的門可看到裡面還有更多綑衣服。

「今天是星期四，」麥可沒理會那個人，接著對我說：「星期二跟星期四是大家把衣服擺到市場上的日子。」

倉庫門前那個男人堅持與我們攀談，他快步地朝我們走過來。Ａ先生（他請我不要使用他的真名，就怕會跟稅務當局惹上麻煩）是一位二手貨物進口商、分揀商與批發商。他笑起來齜牙裂嘴，下巴上有一小撮山羊鬍。他假定我是來自西方國家的二手衣出口商，並與我用英語交談。麥可跟他用伊博語說了什麼，伊博語是東奈及利亞伊博族的母語，而伊博族主宰了西非的二手貿易。Ａ先生笑了笑，邀請我們去他的店面前坐（稍後我問麥可他跟Ａ先生說了什麼，但是他不願意告訴我）。

我們在塑膠椅上坐下後，Ａ先生遞給我一瓶冰水。「我在這店裡有五年了。」他說。我瞥向倉庫裡，看到兩位女性

在仔細檢查兩綑衣服,而周圍還堆著至少兩百綑衣服。 A 先生告訴我,當奈及利亞的貨幣夠強時,他每個星期都會採購五個貨櫃的二手衣。「但是現在比較少,因為經濟的關係。」

「什麼樣的衣服?」

「我們只願意進口耐用的衣服,不要品質粗劣的衣服。如果是西方國家的人穿過了,然後來到這裡,那大概就是耐用的衣服。」

「就算是中國製造的也一樣?」

「不是所有來自中國的東西都不好。只有中國人運到非洲的東西不好。他們把好的東西都留給富裕的國家。」

這是非洲二手商之間常見的觀點,而且不無道理。中國的製造商老早就掌握了這個技巧:製造類似但品質不同的商品,然後以不同的價位出售以賺取利潤。一件迎合美國品質標準、以 29.99 美元在美國販售的時尚襯衫,可以用更低的品質標準製造(比如說,縫線數目更低),然後以 2.99 美元在柯多努販售,這樣依然能獲利。儘管其布料與縫線的品質較差,但它是全新的,還很時髦,對許多消費者來說,這一點比耐用還重要。

「那中國的二手衣呢?」

「品質太差了,我不進口。我需要的是這個。」他伸

手拿起一個夾了兩張紙的寫字板夾。紙張上端印著「形式發票」的字樣，下面列出了他剛進口的四百八十綑二手衣，並分為六十四個類別。在「居家用品」下是十綑床單與十綑窗簾；在「童裝」下是十八綑兒童 T 恤與兩綑男孩運動套裝；在「女裝」下是三綑聚酯纖維混絲裙與十綑棉質裙。有些類別甚至還更精細。

「加拿大的衣服很好。」他告訴我。「但是我不要大號的，也不要冬裝。我要的東西可以在救世軍跟善意企業得到。我在加拿大有認識的人，一個貝南人，很簡單。」

1974 年 12 月 10 日，《紐約時報》刊登了一篇不尋常的文章，標題是〈服飾品質下降：製造商與銷售商揭露原因〉（*Declining Quality In Clothes: The Makers And Sellers Tell Why*）。作者伊妮德‧尼米（Enid Nemy）在文章開頭點出了一個 1970 年代便已出現，但現在已遭到遺忘的現象：

越來越多的消費者抱怨商品的品質在下降：食物不像以前那麼好吃，汽車不像以前那麼持久，家電一下就壞了，這樣的情況數不勝數。

時裝產業也不例外。

當時，美國人所消費的大多數商品皆來自於美國。當時
在英國管轄下的香港也製造與出口一些服飾（據說包括從中
國走私來的服飾），但是其總量仍然太小，無法衝擊美國的
製造商與消費者。沒有人會想到當時在文化大革命後一蹶不
振的中國有一天可能會擾亂全球的經濟秩序。

尼米並不指責她所謂「款形不合、劣質布料與粗糙工
藝」的罪魁禍首，而是讓四位美國服飾製造與零售老手來解
釋這個現象。尼米將他們的結論總結出來：「整體來說，自
二戰後，品質便一直在下降，當時這是權宜之計，如今這已
成了一種生活方式。」

她為這幾十年來的品質下降列出了好幾個原因：缺乏產
品稽查員、「技術勞工逐漸減少」、從整衣製造轉向分工精
細化（比如一間工廠只製造衣領，另一間只製造袖口），以
及對時尚永無止盡的追求（這一點最為明顯）。卡爾採購公
司（Carr Buying Office）是一間為美國各地幾百間商店與百貨
公司採購商品的公司，當時的總裁保羅・海勒（Paul Heller）
談到對時尚永無止盡的追求時，其觀點與當代快時尚批評家
並無二致：

海勒：「毫無疑問，我們最粗劣的品質來自於追求最新

時尚的製造商。這一點無庸置疑。然而消費者本身，尤其是
年輕人，對此類時尚也具有龐大的需求。」

　　「你的意思是說，有很大的原因是因為消費者本身也接
受粗劣的品質？」

　　海勒：「沒錯。消費者是最後的裁決者。每當有一件衣
服被退回，可能就有另外十件應該被退回，是消費者決定接
受而留下的，因為消費者想要那個款式，消費者就是喜歡那
件洋裝。」

　　中國的紡織品製造商過了十五年後才開始主宰全球市
場。快時尚大概也是二十年後才出現。但是從 1974 年看
來，我們很難斷言中國的「廉價」服飾是最近才出現的現
象。其實，從工業革命開始，消費者容忍度就逐漸在改變，
而多虧了科技、進步的物流與企業技能，中國以及整個東亞
的製造業在提升消費者容忍度方面做得比任何國家更好。

　　非洲消費者會率先抵制下降的服飾品質嗎？也許不會。
中國服飾外銷至非洲的數量幾十年來一直在成長，而且有好
幾個非洲國家，包括盧安達與衣索比亞，還急於進口中國製
造的服飾。多虧了二手商善於根據非洲人的品味與價格挑選
商品，目前二手服飾仍然保持主導地位；但是，如果量產服

飾的發展史值得參考，這樣的優勢並不會持久。

　　A 先生領我與麥可走進一條泥土路，兩旁滿是賣鞋的攤子，還有幾間堆滿成綑衣服的倉庫。一路上，我們與兩個拉著手推車的男人擦身而過，他們的手推車上堆滿了垃圾，我們還看著一輛垃圾車把車上的垃圾全傾倒在路中間。「大家付錢給垃圾車的司機，這樣他們就可以去撿垃圾。」麥可告訴我。「撿完後，他們還要把垃圾再裝回去。」小路的盡頭有條運河通往海洋，同時還有成堆的垃圾與更多的垃圾車。

　　A 先生告訴我，他最大的挑戰是整理他進口的那些衣服。北美與歐洲的分揀商已經把衣服分類得很好了，但是他得親自為奈及利亞的顧客再分類一次。「一整個貨櫃，我可以在一天半或兩天內分類好。」

　　說完，他領我們走進一間兩層樓高的倉庫，倉庫前有五個卡車大的大門。兩個大門是開著的，但是用鎖住的柵欄圍起了。倉庫前有個小牌子：Ste Lexco Annexe。 A 先生對柵欄邊一個人輕聲說了什麼，那人點點頭，打開柵欄讓我們進去。

　　倉庫裡昏暗悶熱。唯一的光線來自我們上方高高的窗戶，光線穿過飄在空中的布料纖維，照在進口自世界各地、

500 公斤重的成綑二手服飾上。倉庫裡也許有五十個人,大多數都裸著上身。我看不清他們的臉,因為他們用尼龍絲襪罩住了半張臉,以過濾空氣中濃厚的布料纖維。他們個個身材健壯,渾身大汗淋漓,每天在沉重的大綑衣服中辛苦挖掘,讓他們的肩膀與雙臂變得結實。等我的雙眼適應了裡面昏暗的光線後,我發現倉庫裡多是黑色與藍色,因為有很多牛仔布料。

牛仔褲一直堆到高高的窗戶邊,由工人再分成更小的類別。我看著一個男人分類, Levi's 牛仔褲被他堆到一個冰箱大小的厚紙箱旁邊。他還有另外兩堆,但是我看不出來其中的區別。他把手伸進手上的牛仔褲口袋,把口袋清空。正要走進倉庫深處時,我看到他從牛仔褲的口袋裡掏出一包牙線。他在手上翻了翻、看了看,然後丟進一個專放口袋垃圾的箱子裡。

有一點對我來說立刻變得很明顯:這間位於密瑟波的倉庫,進行的工作就跟密西沙加那些倉庫,還有善意企業零售店後的分類區一樣。這裡的工作條件當然差多了,但是在這裡工作所需要的知識卻更豐富。這裡的牆上沒有牌子告訴員工哪個牌子要分進哪一堆。在 Ste Lexco Annexe 辛勤工作的男人必須具備某種直覺與基礎知識,才能判斷什麼樣的衣服在

西非的城市、城鎮與村莊有銷路。

　　Ａ先生示意我離開。倉庫的主管很明顯對我身在此處不是很自在。我們踏出倉庫時，陽光與新鮮的空氣使我有些頭暈。「這很典型嗎？」我問Ａ先生。

　　他點點頭。「柯多努有一百多間分類與分揀倉庫。」

　　「人們不介意嗎？」

　　「為什麼要介意？大多數的倉庫僱用一百五十到兩百名員工。只要有貨櫃抵達柯多努，消息就會在我們的社群網路上傳開來，然後大家就會來工作。」他所謂的「社群網路」並非Facebook，而是實體的社群網絡，再加上以手機傳送簡訊。柯多努似乎每個人都有一支廉價的傳統功能型手機。工作時間通常很固定，早上七點或八點開始，到中午十二點，然後下午一點半到傍晚五點或六點。一天的薪資為10,000中非法郎左右，約為16美元，是很不錯的待遇。

　　「我一開始是從分揀員做起的，」他說，「已經是很多年以前了。」

　　我上下打量他。他精瘦的體型跟我在倉庫裡見到的高大強壯身軀大相逕庭。但是當然，如果你想成為二手衣貿易商，花時間分類過抵達貝南海岸的衣服肯定有幫助。

　　「我們非洲很挑剔的，」他說，「我們不要垃圾，我們

貝南柯多努一間典型的分類倉庫，員工是熟悉家鄉二手衣市場的奈及利亞日薪員工。

要時尚，我們要品質，我們不要你們的垃圾。」

「有人會把垃圾運來嗎？」

他齜牙裂嘴露出一個刻薄的微笑。「想收到錢他們就不會運垃圾來啦。他們知道我們需要什麼了，也知道我們這裡不是垃圾堆。」

這個看法與西方對二手服飾貿易較為主流的觀點及批評不太一樣。西方批評人士不把二手服飾貿易視為由非洲市場需求所推動的商品交易，而將之視為精明商家與無知人士之間的交易。就舉紀錄片製作人惠特尼・馬利特為例好了。她於 2015 年為《新共和週刊》就二手服飾貿易寫了一篇報

導。[30] 她描述自己在紐澤西一間分揀工廠的經理麥克・崔格的陪同下參觀該工廠：

> 目前為止，我在這裡最常看到的品牌是 Forever 21 與 H&M，都屬於廉價賣出的類別。「沒有人會笨到買二手的 Forever 21。」崔格說。總之，已開發國家沒有人會買。

馬利特的「已開發國家沒有人」不僅是偏見，而且還無視於這一點：不那麼富裕的人有機會再利用浪費的富人不要的產品時，能夠創造出多少價值。柯多努的分揀倉庫之所以存在，正是因為紐澤西（或密西沙加）的分揀商對奈及利亞與其顧客的口味不夠了解，因此無法為他們分類衣服。這並不表示是紐澤西的分揀商愚笨，只是與開發中國家當地的分揀商相比，他們的資訊不足。在柯多努，二手衣的買家不需要看到 Forever 21 的標籤才知道是廉價製品，他只要捏一捏布料，就知道該把它丟進超級特價那一堆。其實，還真的可能會有人買，但是沒有人會支付過高的價格。

---

30 Mallett, Whitney. "Inside the Massive Rag Yards That Wring Money Out of Your Discarded Clothes." New Republic, August 18, 2015. https://newrepublic.com/article/122564/inside-massive-rag-yards-wring-money-out-your-old-clothes.

　　問 A 先生就知道了。他現在站在另一間分類倉庫的後方。這一間倉庫也是他的，大小就跟我們之前參觀的那間差不多，但是明亮多了，而且大部分還是空的。幾綑 55 公斤的衣服堆在遠處的牆邊，上方掛著一個「小號」的牌子，更上方還上下顛倒掛著一面美國國旗。對面的牆邊，在「長褲」的牌子下，是十幾捆等待分類的衣服，旁邊的牌子則是「黑白」，有兩名員工在分類剛從大綑打開來的成堆女裝襯衫。「他們把輕的跟重的分開來，」A 先生解釋說，「兩種價格不一樣。」

　　「怎麼區別輕重？」

　　「感覺啊！」

　　他示意我與麥可跟他走到 6 英尺高的捆包機後的一個房間。房間裡滿是裝著衣服的堅固塑膠袋，一直堆到天花板。他把一個裝著胸罩的透明塑膠袋拉向我們。「這裡面只有 48 公斤，」他說，「我們在等更多貨來，湊足 55 公斤後才捆包。」他拉出一件中等大小、沒什麼特色（至少在我眼中）的紅色蕾絲胸罩，忿忿地說：「這賣不出去。在非洲，我們注重時尚，沒有非洲女人會穿這東西。」他又拉出一件粉紅色的絲質女睡衣，不屑地說：「歐洲人可能會穿這種東西，但是這裡？才沒人會穿。」

　　五星舊衣廠（Five Star Rags）位於一棟棕色的磚樓裡，就坐落在通往密西沙加多倫多皮爾遜國際機場的飛行路線下。這裡是個工業區，一棟棟的大樓就猶如城市的街區，一片片的停車場可容下街坊住家，而且至少還有一間脫衣舞酒吧，就在街角。我從租來的汽車下車時，一輛噴射機從我頭上呼嘯而過，整個大地在震動，彷彿經歷了一場輕度地震。

　　我拉開玻璃前門，走進一個簡約的接待區，這使我聯想到密西沙加低調的二手衣分揀商似乎都是如此。但是在昏暗的光線與空蕩的房間裡，有個令人眼睛一亮的畫面：一位穿著亮藍色紗麗的接待人員。「阿希夫一分鐘後就會來接待您。抱歉。」她說，同時接起電話，「五星舊衣廠，」她停頓了一會兒，「請問您從哪個國家打來？尚比亞？您的大名？」

　　就跟密西沙加大多數的南亞二手衣分揀商一樣，五星舊衣廠也擁有好幾十年、廣布全球、家族合作的事業歷史。這間工廠於 1990 年代開設，由印度古加拉特邦一間五星舊衣廠經營者的兄弟經營。其他的家族成員則在東非（該公司最大的市場）、印度、加拿大等地為家族企業效力。

　　此時，其中一位四十多歲、身材福態的家族成員從接待櫃台後方的辦公室走了出來。他握手的力道堅定、態度親切

友善，他緩慢的步調，彷彿見識過各種大風大浪。「我是阿希夫・達瓦尼。」他無意跟我閒聊，就只是領我穿過旁邊的門，走進分揀倉庫。這間倉庫很大，也許是瑪普紡織廠的兩倍半。「我 1998 年開始在這裡工作。」他說，「之前，我還上了大學，住在肯亞蒙巴薩。」

「你在蒙巴薩出生的嗎？」

「我在烏干達出生。我是在烏干達學會做這一行的。」他朝著我們眼前展開的繽紛景象揮了揮手。「你見過這種場面。」沒錯，不過五星舊衣廠比我參觀過的任何地方都更大。好幾條運輸帶把衣服從一個類別運到另一個類別，然後又運到箱子裡，把各式各樣的衣服分門別類。在這間大倉庫裡，分類好的衣服被丟進更大的裝卸區，等待運輸。根據阿希夫的說法，五星舊衣廠每天分揀 12 萬～ 15 萬磅的衣服。他把手伸進一個箱子，拉出一件法蘭絨襯衫。「這是聚酯纖維，B 級，因為這衣服上一定有瑕疵，也許哪裡有個洞。這只能丟掉了。」

「丟掉？」

「你不能回收聚酯纖維，而且沒有人會想買這衣服當抹布。」他聳聳肩。「我們只能丟掉了。」這襯衫的目的地不是非洲或其他開發中國家，而是當地的垃圾掩埋場或垃圾焚

化廠，這麼做的成本比較低。

　　阿希夫領我走向兩個裝滿童裝的紙箱。「輕質童裝。」他說，然後指向另一個紙箱。「中等重量童裝。」兩個紙箱旁還有一桶搖粒絨運動衫。「這在非洲用不到，」他說，「不過在別處會用到，也許給汽車工業當抹布，或是家具的填料。我們兩種都賣。」

　　在遠處的另一面牆邊，疊了一堆藍色的牛仔褲，有 6 英尺那麼高。「舊牛仔褲沒有市場。」

　　「不是 Levi's 的？」

　　「不是。」

　　「那都是什麼牌子？」

　　「好市多的便宜貨。起毛球了，也不時髦。布料太粗，沒有人可以拿去當抹布或別的東西。有一間公司發明了一個回收的方式，但是倒閉了，所以這些牛仔褲也只能丟掉了。」

　　根據我的經驗，二手服飾產業裡沒有人喜歡談到衣服的盡頭。但總是會有盡頭。唯一的問題是：什麼時候？有些衣服的壽命可以延長為抹布或家具填料。但是換油服務中心裡已沾滿油的抹布終究會被丟到垃圾桶裡。目前，布料回收還太昂貴，在科技上也還不是那麼簡單。「我們需要更多的布料回收。」阿希夫對我說。「長期來說，服飾的再利用已經

沒有前景了。中國的價格總是比我們更低。」

阿希夫說，這些日子，就連品質好的紡織品有時候都找不到市場。這使他更努力。比如說，過去還有經典服飾市場的 Levi's 牛仔褲現在會運到曼谷，由工人裁下鈕扣與拉鍊，然後賣給製造 Levi's 仿冒品的製造商。

而沒有人會笨到為二手的 Forever 21 支付過高的價格。

「非洲不再是垃圾堆了。」他告訴我。「以前你可以把好東西留起來送到南美，剩下的送到非洲，那時候市場都在村莊。如今市場都在城市，而且多虧了都市化與社群媒體，人們知道什麼才是好品質。」

我們走出倉庫，進入他的辦公室。一張大型世界地圖掛在他辦公桌前的牆上。最近幾個星期，東非共同體（世界上最大的二手衣市場）七個成員國正在造勢，打算禁止進口二手服飾。我提起這件事時，阿希夫露出微笑，說：「非洲人不可能停止購買二手服飾，除非他們開始不穿衣服。」

「但是如果政府開始禁止──」

他搖搖頭說：「總是有辦法的。」

後來我駕車離開時突然想到，就算阿希夫的顧客找到「辦法」，比如一個鬆懈的邊境關卡，等待著二手服飾的終究還是垃圾堆，也許還有個尚未被發明的回收技術。最終，

這個最具永續性的產業也會過時。

第八章

跟新的一樣好

▼

　　此刻，星級抹布公司（Star Wipers）兩層樓高的裁切室裡鳴響著機械輕柔的嗡嗡聲。二十位左右的中年女性員工與幾位男性員工站在工作站邊，周圍擺滿了 6 英尺高的塑膠桶，桶子裡滿是舊衣服與舊床單。安密蒂・邦茲站在人群中間，她是美國最後幾位專業的抹布剪裁師，抓起一件粉紅色的連帽外套，外套的胸前印著閃爍的字樣：JUSTICE LOVE JUSTICE。就跟她的同事一樣，她站在一個有著三條縫隙的防護裝置後面，與一個茶盤大小、齊胸高度、高速運轉的圓刀相隔只有 6 英寸。她如同屠夫般精準操作，把外套塞進其中一個縫隙，裁下帽子，再把帽子裁成兩片，使其平整。接下來，她裁下拉鍊，丟進垃圾桶；又裁下閃爍的字樣（「這很粗糙，不適合拿來當抹布」），也丟進垃圾桶。剩下的部分就很簡單了；她又裁了一次、兩次、三次，把外套變成了抹布。

　　「我花了一年才熟悉所有的產品，才學會怎麼裁切。」

邦茲說，同時把成品丟進一個桶子裡，裡面都是剛裁好的抹
布。

「你在這裡工作多久了？」我問。

「十年。」

世界各地，很少有消費者聽過抹布製造這個產業，但是
它與每一個人息息相關。根據美國二手材料與回收紡織品：
抹布材料、二手衣與纖維工業協會（SMART）的資料顯示，
美國境內拿去回收的紡織品有 30％ 左右最後都會變成抹布。
這可能還只是保守估計。被回收的紡織品中有 45％ 會繼續被
當成服飾再利用，而這些衣服最終也會穿舊穿破，那時它們
也會被送到抹布製造公司。

沒人計算過美國或其他地方每年生產多少抹布，但是
熟悉這個產業的人都承認，其數字高達幾十億，而且還在成
長。油氣產業擁有龐大的管道與閥門網路，每年需要上億條
抹布擦拭洩漏液、潤滑劑與雙手。旅館、酒吧與餐廳需要數
十億條的抹布擦拭杯子、桌子、欄杆等等。汽車製造商需要
抹布擦拭剛從裝配線下來的新車；修車廠需要抹布在換油後
擦拭機油尺；洗車場需要抹布為汽車上蠟。畫家需要抹布擦
拭畫筆與灑出或滴出的顏料。醫護產業需要無數的抹布來保
持醫院與診所的乾淨衛生。如果無法將回收的衣服與床單再

利用，這些產業就得選擇拋棄式紙巾、合成纖維抹布與新的抹布，並為此付出環境與財務成本。（好幾年來，拋棄式抹布產業標榜其抹布是傳統抹布的現代升級版，使用起來更有效率。[31]）早在環保組織與政府鼓勵大眾再利用、回收與循環經濟的幾十年前，抹布產業早已精通這門藝術。

　　星級抹布公司的副總裁陶德‧威爾森五十八歲、身材精瘦，此時他站在我身邊，全神貫注地觀察安密蒂的一舉一動。「你看到她做了多少的多重裁切嗎？」他興奮地問，「每一次她把衣服拉過裁切刀——」他停頓了一下，好讓自己冷靜下來，然後大聲宣布，「我們的競爭對手可做不到這種程度！」陶德是抹布產業最熱情的倡議者。根據他的看法，位於俄亥俄州紐華克的星級抹布公司是美國最後幾間「用正確的方法」製造抹布的公司。

　　就跟大多數本身不靠裁切抹布賺錢的人一樣，我一直以為「正確的方法」就是以前一般家裡的做法。我母親會把舊T恤剪開，當成抹布擦拭家具與清洗水槽。我們家在這方面並不特別。人類歷史上大多時候，把舊衣當成抹布是普遍的

31 比如說，美國生產個人衛生用品的金百利克拉克便以標題為「你會僱用誰？」的廣告推銷其專業的 Wypall 拋棄式擦拭布。在一個廣告中，一位臉孔英俊、穿著得體的 Wypall 銷售員與一位又矮又胖、汗濕油膩、穿著骯髒背心的男人（代表傳統抹布）在拔河。

持家之道，沒有多少消費者將之視為回收、永續與環保。

　　將此持家之道轉變為工業過程的，是引發工業革命的工廠與機器。要維護與修理那些機器，需要用抹布為其塗上潤滑油或抹去髒汙。在工業化的英國，抹布最豐富的來源便是越來越多穿過、沒人要的紡織品，它們正好就是那些機器製造出來的。專門收集舊衣並運送給抹布製造商的行業應運而生。到了19世紀末期，英國的抹布製造商跟紡織廠一樣實現了工業化，抹布的銷售網路就跟當時不斷發展的服飾零售網路一樣複雜。很快地，抹布製造業便在全世界廣泛擴展，到了1929年，美國已經成為領先的抹布製造國，境內至少有二十六間抹布公司擁有工業洗衣機，以確保得到最乾淨的抹布，還有高達幾千人受僱於抹布裁切工廠。

　　自上個世紀以來，對抹布的需求並沒有消失。星級抹布公司在紐華克占地11萬平方英尺，其中大多用於倉儲。倉庫裡的抹布打包完成後會運送給美國各地的批發商，這些批發商非常了解什麼樣的使用者需要什麼樣的抹布。這是一個需要大量勞工的產業，然而就跟紡織業一樣，很多公司都在過去三十年轉移到亞洲了。那些依然留在美國的企業，比如星級抹布公司，自然有它們的考量。「我們在乎品質。」陶德告訴我。星級抹布公司在紐華克同時有二十六間抹布裁切

廠在運作，在北卡羅來納州還有另外十三間，恐怕是美國所剩最大的抹布裁切商了（儘管有其他公司比星級抹布公司分銷更多的抹布，但多數抹布都是進口的）。

　　儘管全球對擦拭東西的物品有龐大需求，如果有人拋出下面這個問題，大多數消費者仍然不知道答案：「誰會是最後一個使用你的帽 T 的人？」衣服的盡頭已變得幾乎就跟生命的盡頭一樣神祕。

　　在一個無窗的會議室裡，陶德・威爾森與我在一個長型的會議桌面對面坐著。此刻正是午餐時間，我們吃著從不遠處的 Subway 買來的三明治與洋芋片。我後方是一扇門，通往一個巨大的洗衣設備，看起來有點像條巨大的綠色金屬毛毛蟲。它可以同時處理好幾批衣服，又不會讓衣服混雜在一起，而且清洗的不全是舊衣服。「這個洗衣設備可以把新的 T 恤洗得像舊的 T 恤一樣。」陶德解釋。我想想自己洗衣服的狀況就明白他的意思了。一般說來，全新的棉質 T 恤不如已穿過、洗過好幾年的 T 恤柔軟。「你想想看，比起剛從包裝裡打開來的 T 恤，柔軟的 T 恤吸收液體的效果會更好。」陶德說。

　　因此，抹布製造商通常會出更多錢買舊 T 恤，而不是新

的。如果買不到舊的，他們就花錢把新的洗成舊的。比如，
星級抹布公司每三週會從孟加拉的服飾製造商那裡收到一批
衣服，但是在裁切前得先洗過。

「我覺得這是本末倒置。」我坦承。

「你在抹布這一行待的時間還不夠久。」陶德微笑說。

陶德·威爾森的家族自 1970 年代就開始從事抹布製造
了。當時，他的父親原本是卡片檢索系統零件製造商，後來
得到一間小型抹布工廠，從此成為他的主要產業。 1998 年，
陶德與一位夥伴成立了自己的抹布公司，命名為星級抹布公
司。 2005 年，有一位買家收購了星級抹布公司與陶德父親
的公司。今天，星級抹布公司有一百六十名員工，在賓夕凡
尼亞州與北卡羅來納州都設有工廠，還有從德州布朗斯維爾
延伸到印度坎德拉的抹布供應網路。 2017 年，它售出 1,500
萬磅左右的抹布，主要都在美國境內。

陶德將該公司的成功歸因於兩個原因。第一，他很在
乎。在長達幾個小時的訪問中，他反覆對我說：「我愛抹
布！」第二，他注重品質。「抹布是工具。」他解釋說，「就
跟螺絲起子一樣。不同的工具有不同的用途。你得把工具做
出來，而且要做得好。」清潔公司不想買有亮片的抹布，因
為亮片會刮壞家具；油氣公司不想要聚酯纖維的抹布，因為

聚酯纖維會產生靜電，引起爆炸；旅館清潔公司不想要染了色的抹布，就怕顏色會染到料理台上。最近，陶德發現要保證品質越來越難了。他拿出 1963 年 1 月的《快報》，這是美國抹布製造商協會（NAWCM）的官方雜誌，後面有整整一頁在說明「製造抹布用舊衣購買標準」。依等級不同，總共有十八條規定，包括對白色抹布、彩色抹布、內衣抹布、混合抹布以及「藍色工裝褲與長褲（藍色牛仔布）」的規定：

應包含 100％ 的棉，重量最高每平方碼 12 盎司。褲角展開時面積至少達 2 平方英尺，寬度至少達 12 英寸。不含連身褲與外套。沒有染上髒汙、油脂、漆料、水泥或骨骼。

好消息是，買來製成抹布的舊衣服裡現在已不太可能會發現骨骼。壞消息是，純棉回收製成的抹布現在幾乎已消失，而抹布製造商也無法再仰賴工業規格了。現在的衣服與紡織品都不如過去做得那麼好了，洗幾次就解體的襯衫無法再製成抹布去擦拭剛洗好的汽車或餐廳的桌子。便宜的快時尚不只打擊慈善商店，同時也加快了衣服被扔進垃圾掩埋場或垃圾焚化廠的速度。

「如今，你去買件純棉襯衫就知道了，」陶德惱怒地

說，「就算標籤上寫著『純棉』，你也不能確定是純棉。」
這不是憑空捏造的論點。最近幾年，製造商在衣服裡混入越
來越多的聚酯纖維，好使產品越來越便宜，以迎合消費者的
需求。但是他們並不總是會誠實標示成分。標示為純棉的產
品往往不是純棉；棉與聚酯纖維混紡產品所含的聚酯纖維往
往比標籤上標示的還要多。星級抹布公司首先注意到他們從
醫護設施專門洗衣店買來的百萬磅床單出現了變化。過去為
棉質與聚酯纖維混紡的床單與被套，現在都變成純聚酯纖維
的。這時，問題就出現了。「純聚酯纖維的抹布效果，比不
上棉質與聚酯纖維混紡的抹布。」陶德跟我解釋。「吸收力
沒那麼好。」這還是最小的問題。聚酯纖維有可能在遇到高
溫或某些溶劑時熔化或（最糟糕的情況）釋放靜電。

在星級抹布公司，分揀與分級部門會在床單裁切與包
裝給顧客前，先把純聚酯纖維的產品挑出來。但是在 1963
年，這樣的混紡品根本連工廠的大門都進不了。美國全國抹
布製造商協會的「舊衣購買標準」明確禁止購入「絲、羊
毛、縲縈與其他人造纖維」產品，因為這些質料的吸收力不
夠好。如今，就如同買衣服的消費者為了更低的價格願意接
受更差的品質，許多買抹布的消費者也如此。陶德告訴我，
許多消費者已習慣了棉與聚酯纖維混紡的抹布。然而，並不

是所有消費者都這麼做。「現在，回收衣物製成的抹布如果品質達不到人們要求的水準，他們就會去找新的替代品。」紙巾永遠都是一個選擇，吸收力比回收混紡抹布更強的合成纖維毛巾也是。快時尚興起的最直接受益者可能是紙巾製造商，這是全球經濟的古怪之處。

陶德熱愛回收紡織品製成的抹布。但是他無法忽視二手紡織品品質在下降的事實。於是，最近幾年，星級抹布公司開始製造全新、純棉的抹布，其棉布來自北卡羅來納州種植與製造的棉花。「我們的產品可以從棉花田一直追蹤到這裡。」他告訴我。與回收製成的抹布相比，這種純棉抹布造成的環境衝擊更大（種植棉花非常耗水）。但這就是降低產品價格得付出的代價。

星級抹布公司的純棉抹布是最頂級的抹布，這點在業界是大家公認的事實。「它不是我們最暢銷的商品，」陶德說，「但是如果有顧客想要那樣的品質，也願意支付相應的價格，我們就會生產。」這種抹布不只是「足夠好」，而且就跟新的一樣好。

諾哈‧奈特的司機駛在孟買南方綠樹成蔭的馬路上時，晨間忙碌的交通逐漸和緩下來。不遠處，我可以瞥見孟買華

麗的地標性建築維多利亞火車站。快到火車站前,車子停了
下來,我們在氣派雄偉的帝國大廈前下車,這棟辦公大樓是
殖民時期建成的。

　　諾哈四十五歲,又高又瘦,臉孔英俊。他腳步輕快地躍
上樓梯,顯露出他的運動天賦,青少年時期他還因此進入了
印度的國家高爾夫球隊。他告訴我,他本來可以成為專業選
手的。「但是我不自欺欺人。我知道我會成為那種進不了決
賽,最後名列十五名或二十名或二十五名的選手。這對我來
說不夠好。」他選擇念大學,取得企管碩士,擔任了兩年的
國際銀行家,最後加入克施柯集團(Kishco Group),也就是
家族裡已成立八十年之久的紡織品貿易公司。該公司位在印
度的總部坐落於帝國大廈裡的四間辦公室,另外在孟加拉、
中國與阿拉伯聯合大公國也有分公司。

　　我們走進一間狹窄無窗的會議室,一位工作人員端著
奶茶走進來。諾哈在辦公椅上往後靠,立刻承認銀行家的
日子比二手紡織品貿易商風光多了。「我在這個產業遇過風
險──我有可能買進價值 100 萬美元的廢品。有的人可能會
花 1 萬美元向人買進全新的質料,而在他們心中,花 1 萬美
元買進全新質料的人比花 100 萬美元買進廢品的人更重要。」

　　克施柯集團成立於 1938 年,幾十年來成長為紡織產品

與紡織廢品的國際貿易商。現在，它向善意企業及北美、歐洲各地的慈善機構、連鎖慈善商店與分揀商購入二手紡織品，然後再賣到世界各地。諾哈知道密西沙加。他在莫三比克做生意時有不少有趣的故事。他偶爾還會在回收研討會上演講。這也不無道理，平均來說，克施柯集團每年會買進兩千個裝滿紡織品的貨櫃，其中大多是別人不要的紡織品。「這越來越像大宗商品交易了，」他說，「我們只是付錢買進，然後再賣出賺錢。」

稍後，諾哈邀請我去孟買金赫納用午餐，這是一間會員專屬的運動員俱樂部，成立於 1875 年，正值英國統治印度最繁華、最富裕的時期。這裡充滿懷舊感：酒吧與餐廳面向修剪整齊、用來玩板球、橄欖球與足球的草地；客人慵懶地望向草地，看著員工為週末的比賽做準備。「我們家的會籍可以追溯到幾十年前，」諾哈告訴我，「我以前經常在放學後來踢球，所以我的體育才這麼好。」

諾哈示意我望向孟買金赫納寧靜的草地與圍欄外熙熙攘攘的街道。賣衣服的攤子在對街至少有四分之一英里長。有些衣服看起來是標準的新品，有些是仿冒品（皇家馬德里足球隊球衣肯定是假貨），但更多的是二手商所販賣的二手衣大雜燴，就跟世界各地的二手衣攤子一樣。「我們把這條街

稱為時尚街，」他苦笑說，「攤販把舊的跟新的混在一起，沒有人知道其中的區別。」

印度跟二手衣有一段悠久而緊張的關係。該國的紡織品與服飾製造商花了幾十年遊說政府禁止進口二手衣，就怕收入少的印度人會選擇便宜的二手衣，而不購買新衣服（如果價格相差很大，他們的確會買二手衣）。不過，時尚街仍然充滿了進口的二手衣，而且如果消費者在這找不到理想的衣服，孟買還有很多地方可以買到進口的二手衣。這些二手衣從印度各處的港口偷運進來，然後流入複雜的貿易網路，就潛藏在印度的正規經濟當中。

然而，在一個奇妙的轉折之下，印度嚴格禁止進口二手衣的政策有一個很明顯的漏洞。幾十年來，印度授予十六間公司從坎德拉進口二手衣的權利；坎德拉是人口一萬五千人的港鎮，位於孟買西北方 500 英里處。多虧了這些執照，坎德拉現在是全世界前幾大二手衣進口港（很有可能就是最大的）。

但是有個蹊蹺。為了確保進入坎德拉的二手衣不會與國內製造的新衣服競爭，印度政府要求每一件抵達坎德拉的衣服也得從坎德拉離開。因此，坎德拉便成為二手衣分揀、處理與再出口的國際樞紐。該港鎮的幾間旅館住滿了北美與歐

洲的出口商以及非洲的進口商。印度經紀人則在中間負責協
調。

　　在另一個奇妙的轉折之下，禁止坎德拉的二手衣進入
印度境內也有一個很大的漏洞。根據法律，「殘缺不全」的
衣服，也就是無法再當成衣服穿著與出售的衣服，可以運到
東北方的帕尼帕特，也就是密西沙加舊衣外銷公司的阿卜杜
勒‧馬吉德‧莫勒迪納強烈推薦我去造訪的小城市。帕尼帕
特位於德里北方 50 英里處，三十年來，富裕國家沒人想再
穿的毛衣最後都會來到此處，而且數量相當龐大。夏裝可以
送到熱帶的開發中國家，但是冬裝通常沒有再利用的市場。
根據諾哈的說法，帕尼帕特在最巔峰的時期，一個月可進口
將近一千個貨櫃的二手毛衣。「等著看，」諾哈說，「這一行
在改變。再過幾年，我們認識的帕尼帕特就不存在了。」

　　在像美國與日本這些已開發國家，回收箱已成為了垃圾
桶的好夥伴。瓶子與罐子丟進回收箱，保鮮膜、破盤子與吸
滿濺出液體的紙巾則丟進垃圾桶。大多數的美國人就跟大多
數的日本人與歐洲人一樣，對此分類的過程並不抱怨，甚至
將之視為公民的義務。少數社區（大多都在美國）會將紡織
品加入路邊的回收系統，而這些社區發現其居民扔掉衣服的

速度，就跟丟掉啤酒罐的速度差不多。

　　當然，情況並非總是如此。過去，衣服與其他紡織品稀少而昂貴，商人可以透過以物易物或買入賣出而致富。但是在 19 世紀初期，商人在需求方面遇到了問題：歐洲各地工業化織布機所生產的毛衣，在其上層階級的主人不想再穿之後，沒那麼容易再利用。棉與亞麻可以用來製紙或充當填料，在戰爭時期還能用來製成子彈外殼，但是羊毛又短又粗的纖維除了製成毛衣來穿，就沒有其他用途了；某個程度說來，它是 19 世紀初期的快時尚，沒什麼用，數量卻不斷增加。

　　一個解決的辦法是把羊毛磨碎當成肥料（畢竟羊毛也是有機製品）。但是想把羊毛以羊毛布料的方式再利用的人得等到 1813 年。當年，英國的班傑明・勞（Benjamin Law）發明了一種技術，能夠將羊毛重新製成便宜粗糙的布料，後來這布料被稱為「再生羊毛」（shoddy）。其過程很直接，每一個曾把織不好的東西拆掉的人都不陌生：將舊衣服拆碎，把其中的纖維再製成新產品。班傑明・勞將此過程工業化，很快地，再生羊毛被用來製造便宜的毛毯與衣服，出售給窮人與軍隊。

　　接下來一世紀，再生羊毛成為利潤極高的生意，尤其是

戰爭時期初剪羊毛供應短缺時。到了 19 世紀末期，二手毛衣貿易在全世界盛行，其中大部分都流向再生羊毛工廠，這些工廠大多分布在北英格蘭與日漸工業化的美國東岸。但是再生羊毛產業注定不會長期留在英美國家。

「1981 年，帕尼帕特剛興起，只是一個小鎮，剛成立幾間手織機工廠，還有幾間家具工廠。人們才剛開始嘗試回收的做法。」諾哈・奈特告訴我。此時我們正坐在汽車後座，從德里機場準備去參觀克施柯集團幾個在帕尼帕特的客戶。

那時候，世界上大多數的再生羊毛都產自義大利的普拉托；因為當地便宜的勞工以及歷史條件（普拉托自 12 世紀起就開始生產羊毛），再生羊毛產業在二戰之前移到了這裡。當時亞洲剛開始成為紡織品製造業的競爭對手，有一些聰明的孟買企業家預見了回收紡織品在印度的未來。印度的再生羊毛產業始於孟買，後來因為勞工問題（罷工和薪資上漲）而往北移至成本較低的帕尼帕特。

由於勞動力問題，幾十年來從事紗線製造的克施柯集團在 1981 年售出了紗線製造工廠。但顧客仍然有羊毛需求，於是，與其讓顧客自己去找新來源，克施柯集團從其他紡織廠買進羊毛，接著再交給顧客，而這當中的許多紡織廠此時正移往帕尼帕特。這個機緣很湊巧。「我們可以接下顧客的

訂單，然後再跟工廠 A、B、C、X、Y、Z 下單，」諾哈解釋，「而且不會出現任何自營工廠時要面對的問題。」

隨著帕尼帕特的再生羊毛紡織廠逐漸成長，其對於二手毛衣的需求也跟著增加。印度本身是個低薪國家，沒有多少二手毛衣供應給帕尼帕特的紡織廠。於是帕尼帕特的紡織廠詢問克施柯集團能不能為他們在國外找到二手毛衣並進口到印度。諾哈的父親當時與不同的大使館聯絡，並親自前往富裕的已開發國家查驗二手毛衣的來源。很快地，過去總運往義大利普拉托或垃圾掩埋場的二手紡織品，開始被運往帕尼帕特。 2000 年代中期，帕尼帕特羊毛再生產業達到巔峰，大概擁有六百間再生羊毛工廠，成為世界上最大的毛衣回收中心。

不過這不是能夠持久的產業，無論它在哪裡生產。其中的問題很明顯：沒有人真的喜歡再生羊毛。再生羊毛很粗糙、有霉味，顏色與圖案有限（而且很單調）。多年來，帕尼帕特再生羊毛的主要消費者是像紅十字會這樣的救災組織，以買來的再生羊毛毯在地震或其他災難發生後用於救災行動。這一直是個非常好的生意。 2010 年代早期，帕尼帕特的製造商一天生產十萬條毛毯，其中 80％ 左右外銷用於救災。剩下的要不就賣給印度軍隊，要不就當成「窮人的毛

毯」賣給消費者。但是，如今的狀況已完全不同了。

2000 年代中期，隨著印度國內的薪資開始增加，低薪的國民逐漸有能力購買比再生羊毛更好的產品。大約在同一時期，中國的石油製搖粒絨外銷商開始進入印度市場，進口看起來、聞起來、摸起來比再生羊毛都更好的毯子。此外，搖粒絨毯輕便耐用，用於救災或居家都很理想，還很便宜。過去十年來，一條中國搖粒絨毯在印度的價格從 7.5 美元左右下降到 2.5 美元左右。「跟一條 2 美元的再生毛毯相比，」諾哈聳聳肩說，「潛在的客戶走進店裡，自然會選擇全新的產品。」

塵土飛揚、熙熙攘攘的帕尼帕特在我們眼前展開，高架高速公路從城鎮上方穿越，像是想避開下方的城鎮。高架道路下，交通幾乎停滯不前，因為不同步的紅綠燈停在紅燈的時間長達好幾分鐘。街道兩旁都是小商店，其中至少有一半在販售手機與相關服務。一切都是灰色調，只有裝滿成綑二手衣的卡車偶爾經過時，才會閃過一絲色彩。

我們從柏油路轉入遍布坑洞的泥土路，如果沒小心避開坑洞，車子可能還會拋錨。到處都是工廠，但是大門都關著，幾乎看不出在 10 英尺高混凝土牆後的工廠正在生產什

麼。有些工廠前有小孩在玩耍,他們的家長坐在板凳上閒聊;偶爾還能見到兩名女性在分揀衣服的景象。

彎過一個塵土飛揚的轉角後,我們的車停在一座鋼製大門前。司機按按喇叭,沒多久大門就緩緩打開,露出一個五彩繽紛的院子:一堆藍色的、一堆橘色的、一堆紅色的、好幾堆黑色的衣物。在這當中有幾個披著紗麗的女人正在分揀毛衣、毯子與舊衣,她們穿的紗麗顏色比廢棄衣物更鮮豔。院子有三面都是倉庫,裡面的機器不斷發出嗡嗡聲。

諾哈示意我跟他走進辦公室的門,一位男性祕書接著領我們走進公司董事拉梅什·戈亞的辦公室。戈亞矮矮胖胖,穿著毛衣與法蘭絨運動外套,他雙手交叉著,生產的問題令他有些不高興。祕書聽他(用我聽不懂的語言)交代了什麼,點點頭便匆匆走出去了。

「拉梅什編織場」(Ramesh Knitting Mills)是我們的老客戶。」諾哈介紹說。但是戈亞沒興趣談再生羊毛的歷史或未來,他喜歡搖粒絨。2016 年,他裝設了一個搖粒絨生產線,提高了總生產量。

諾哈把雙手交疊在膝上。「搖粒絨正在取代羊毛。」他這句話主要是對我說的。「這對我們來說是個很大的問題。搖粒絨不能回收製成新的纖維,而且不能製成抹布,吸收性

太差。」

　　但是戈亞並不在乎這些。在裝設搖粒絨生產線前，拉梅什編織場每天生產 7,000 公斤的紗線與毛毯；兩年後，它的總生產量已增加到每天 12,000 公斤，其中 8,000 公斤是石油製成的全新搖粒絨，剩下的則是以二手冬衣製成的再生羊毛線與再生羊毛毯。「許多印度公司都意識到對全新產品的需求已經來臨。」戈亞解釋說。

　　對環保人士來說，這是一個令人心痛的事實。但是環保人士無法獨立扭轉經濟局面。寒冷國家的二手冬衣越來越多，再加上來自帕尼帕特的需求降低，二手羊毛的產業已經改變。諾哈表示，十到十五年前，二手羊毛的價格為每公斤 50 美分左右。今天，價格已降到每公斤 15 美分，而且沒有理由相信需求或價格會再回升。不久後，這對已供過於求的二手毛衣出口商會造成很大的問題。「等著瞧吧──兩三年後，西方國家的回收商會付錢請人們接收二手衣服，」諾哈預測，「只要比較垃圾掩埋的費用與外銷到這裡的成本，就知道哪個划算了。尤其在歐盟，消費者絕對寧可付錢把衣服送到這裡來，也不要送去垃圾掩埋場。」

　　拉梅什・戈亞建議我們去參觀生產過程，於是我們走出辦公室，來到一間倉庫，在那裡有十幾位女性坐在地板上，

周圍是成堆 6 英尺高的黑色羊毛毯。這幅景象使我想起，美國作家赫曼・梅爾維爾在 1855 年的短篇小說《單身漢的天堂與少女的地獄》（*The Paradise of Bachelors and the Tartarus of Maids*）中，就描述過年輕女子在新英格蘭一間製紙廠中剪裁衣服的畫面：「每個人面前豎立著一把又長又亮、底部固定的鐮刀……來來回回，拉過鋒利的刀刃，女孩們永不停歇地拉扯長條的破布。」帕尼帕特到處都是類似這樣的女性，只不過比梅爾維爾筆下的女孩們年長（我猜大多都在四十歲以上），而且工作時大多靜默不語，她們有些在處理黑色羊毛，有些在處理橘色羊毛；我在其他的倉庫裡還看到成堆的藍色羊毛。

印度帕提帕特拉梅什編織廠的分揀員。

　　照顏色分類很重要。戈亞領我們走進一個房間,房間裡一位男性員工正把一塊塊的橘色羊毛放進一台簡陋的機器,那機器有 20 英尺長,高度大約齊胸,由裸露的鍊子與傳動裝置驅動。傳動裝置帶動附有尖刺的輪子在鋼桶中將毛衣撕扯成單獨的纖維。在機器另一端,一團橘色的絨毛冒出來,塞滿房間後端兩個大凹室。就連只是有人走過去所引起的微風都會使那些橘色絨毛飛揚起來。到處都是橘色的絨毛。

　　隔壁是一間更大的房間,一袋袋已撕碎的黑色羊毛等著進入毗鄰的紡紗廠。房間深處,有位員工站在至少 10 英尺高、15 英尺長的黑色羊毛堆旁,這使他看起來十分矮小。他站在一台同樣簡陋但是體積更大的機器前,把黑色羊毛扔進去。「現在我們收到的商品 20%～ 25% 都是黑色的,」諾哈說,「比例越來越高了。」

　　我們轉過一個轉角,進入另一間房間,機器紡紗的嗡嗡聲飄盪在空中。傳動裝置與皮帶都是裸露的,地上有油滴和油漬,幾百架紡錘正在紡紗,上面纏繞的紗線旋轉著,看起來彷彿一片橘色薄霧。諾哈把手伸進一個裝著灰色毛線的袋子,拿出一捲線。「你身上穿的襯衫,是用 100 支紗線製成的。」他一邊說,一邊對我在美國購入的孟加拉製法藍絨襯衫點點頭。然後他又轉向手上的再生羊毛,「這大概 10 ～ 12

一位帕尼帕特的工人，周圍都是由進口二手毛衣製成的、成堆的黑色羊毛。

支。適合做毯子、墊子、毛巾、封套之類的東西。」

　　但是誰會想要這樣的東西？

　　過去十年，帕尼帕特有三分之二的再生羊毛廠倒閉，或是被更大的公司所併購，而剩下的約兩百間工廠，至少有五十間在製造搖粒絨毯。從諾哈的觀點看來，這才是未來。「這並不是因為生產價格降低了，成本是固定的。但是搖粒絨的價格還在持續下降。」

　　拉梅什・戈亞領我與諾哈從他的再生羊毛廠走進一間乾淨、寬敞、明亮的倉庫。這裡，聚酯纖維紗線在幾百個捲軸上捲動，發出輕柔的嗡嗡聲，然後一起織成乳白色的原始搖粒絨布。我停在一個床頭櫃大小的鋼殼控制台，看

到「ZY301 高速整經機」，由中國無錫的中印紡織科技所製造。長期在價格上無法與中國搖粒絨製造商競爭的帕尼帕特再生羊毛廠，現在開始買進對手的設備。多虧了勞動力在印度比中國便宜，再加上附近有豐富的石化資源，帕尼帕特搖粒絨製造商必須投入的成本比中國低。戈亞告訴我，他們甚至已開始出口了。

蘇米特‧金達是經營家族在帕尼帕特的金達紡織廠（Jindal Spinning Mills）的第四代。他個子矮小、身材有些圓潤，手機鈴聲是超脫樂團〈彷彿青春氣息〉的開頭和弦。他跟諾哈‧奈特已認識多年，因此很高興能在這天下午能帶領我們參觀家族的再生羊毛工廠。「我們是第一批在帕尼帕特設立工廠的人，」他告訴我，「我們成立於 1973。」

金達紡織廠是一間典型的帕尼帕特大型再生羊毛紡織廠。這裡的紡織品會照顏色分類、用鐮刀裁切、撕扯成纖維，最後再織成再生羊毛。在工廠後端，幾台織布機不停運轉，偶爾發出金屬的啷噹聲，將再生羊毛織成單調的毛毯；藍色的毯子顏色淺淡、紅色的黯淡，綠色的令我想起缺乏陽光的盆栽。在這裡更搶眼的是機器本身，這是一台歐洲製的老式機器，時不時嘎吱作響，此刻正在上下震動著，到處都

有羊毛飄出來。

「我們得買二手機器來處理再生毛毯。」金達說。「機器是從歐洲進口的，不過速度很慢，尤其是跟新的機器相比。」

我想起之前看到的搖粒絨生產線。「為什麼不買新機器？」

他一臉遺憾地對我微笑。「新技術無法處理回收的纖維。」回收的纖維太粗了。因此，至少現在，再生羊毛工業，甚至是整個羊毛回收產業仍然停留在過去，而搖粒絨所帶來的競爭極有可能使這種狀況持續下去。

「你們一天可以生產多少條毛毯？」

金達紡織廠的員工，他正站在義大利製、幾乎為古董的再生羊毛織布機前。

「我們一個月可以生產四萬條再生毛毯。」金達說。

「這算多吧？」

他領我與諾哈走上一段樓梯。「救災組織今天就想要五萬條毛毯。他們打電話來時，我不得不解釋工廠得花多少時間才能生產這麼多毛毯，還有把毛毯從這裡運到港口有多困難。如果像我們這樣的供應商生產速度沒那麼快，顧客會認為我們應該預先備貨。但是我們又得考慮，如果救災組織突然改變品質標準或規格，那怎麼辦？如果他們從一股改成雙股，又該怎麼辦？」

我們來到一間狹長的廠間，地板上鋪著實木花紋的乙烯基地板，但是某些地方已剝落，露出了下面的混凝土。遠處的牆邊堆著幾百條再生羊毛毯，有一位男性坐在裁縫機前，為毛毯縫上尼龍邊。在更遠處，有幾位女性正在包裝準備運送的毛毯。

「我們在德國有個客戶一次想要六十萬條毛毯。」金達說。「我們得花十一個月生產。」他搖搖頭。「中國就做得到，而且過去三年來，所有的救災組織，紅十字會啊、聯合國啊，都改用聚酯纖維毛毯了。」

於是金達就跟其他紡織廠一樣，把焦點放回到國內市場。去年，他在國內賣出五萬條再生羊毛毯。但是他覺得不

能把未來依靠在再生羊毛上，因此也開始製造搖粒絨毯。

「你擔心再生羊毛的產業最終會消失嗎？」

「這個產業不會在帕尼帕特消失。全世界都仰賴帕尼帕特。他們不能把廢棄衣物丟到海裡。」他露出微笑，彷彿這是世界上最簡單的道理。

時間不早了，但是諾哈跟我還有一站。我們從金達紡織廠開車前往附近一棟兩層樓高的倉庫，在那裡，拉梅什・戈亞的兒子普內特・戈亞接待了我們。他領我們走上一級階梯，來到一間灰濛濛的工廠，陽光從窗口以六十度的角度照到地板上。陽光下方，成捲的乳白色搖粒絨毯被送入印刷機，整台印刷機有好幾英尺長。諾哈跟我看著原始的搖粒絨毯以地毯大小的間隔在印刷機裡向前移動。移動過程中，一隻機器手臂掃過去，印出花朵的輪廓；另一隻手臂又掃過去，印出藍色的背景；第三隻再把花朵填上紅色。從原始的毛毯到印好圖案，大概只要一分鐘。

「這些圖案都是從中國一個工廠來的。」普內特告訴我們，同時帶我們參觀印好圖案的搖粒絨毯被窯燒、裁切、清洗，以及最後戳拉出典型絨毛表面的過程。「我們也有自己的設計師，並且可以印出幾百種圖案，但是再生毛毯能印出的圖案很有限。」

　　我瞥向諾哈。他什麼話也沒說，只是默默地跟著參觀印刷、清洗與裁切的過程。他雙唇緊閉，我不清楚是因為陷入沉思、厭惡空氣中濃厚的化學氣味，還是在擔憂自家二手織品生意的未來。我們在生產線的盡頭停下來，看到成千上百條帶圖案的搖粒絨毯，有花朵、虎紋、幾何抽象、格子、方塊、曲線等。這些毯子柔軟、溫暖又耐用。如果我真的遇到天災，我衷心希望紅十字會跳過再生毛毯，而是發放搖粒絨毯讓我保暖。

　　諾哈開始問起出口的狀況。「你會把這些毯子外銷到哪裡？」克施柯集團在世界各地都有市場，而這些搖粒絨毯可能會吸引某些原來只買再生毛毯與其他商品的顧客。

中國製的機器吐出一捲又一捲的搖粒絨毯，其生產量比再生毛毯多出一個數量級。

「主要都是杜拜、南非、中東。」

諾哈・奈特點點頭。「給我幾個樣品，讓我來幫你開拓市場吧。」

星級抹布週五的下午班快結束時，陶德・威爾森停在一輛推車旁，推車裡堆滿了已裁切開來的白色運動衫。「現在，讓我來跟你說明這個產品。」他跟我說。「這是回收的白色運動衫。為了滿足需求，我們得從國外進口。美國境內的數量不夠。」問題在於，對於持有這種觀點的人來說，在印度把運動衫裁切成抹布通常比在俄亥俄州便宜。

陶德手上這些裁切開來的運動衫，沒有一件曾在印度使用過。運動衫極可能是在南亞製造的，出口到美國，穿舊後捐贈給善意企業、救世軍或其他慈善機構。如果在美國沒賣掉，便再出口到國外，最有可能就是坎德拉（或是密西沙加，最後又運到坎德拉），然後裁切開來，又出口到國外，比如這一次是出口到俄亥俄州紐華克的星級抹布公司。這個旅程中的每一站都完美符合經濟效益，儘管整個過程聽起來荒謬無比。

其實，這就是未來。

亞洲的中產階級消費者數量已經超過了北美。很快地，

他們不想要的二手物品就會超過更富裕國家所產生的二手物品。如果二手衣賣不出去，還是可以裁切成抹布（假設品質合格）；而在開發中國家用回收衣服所裁切成的抹布，最後則會運送到美國。曾經單向流動的二手貿易（從富裕國家到貧窮國家），如今已呈現出多向流動的趨勢。

陶德·威爾森幾年前就接受這個事實了。2016 年，他前往坎德拉，教導當地一間抹布裁切工廠以星級抹布公司的嚴格標準進行裁切。找到夥伴並不難。在印度繁榮的經濟下，工廠、旅館與餐廳對抹布的需求幾年來一直很高，而且過去可能留在美國的回收布料如今正在流向印度。陶德只是想確保這些抹布會以一定的標準被裁切製造，這樣他就可以當成自己的抹布進口。

但是這並不簡單。星級抹布的員工被教導以一定的方式裁切襯衫與其他衣服，這樣每磅可切出十條左右的抹布。「但是工業標準是每磅五條抹布左右。」陶德指的是草率又寬鬆的裁切方式，會讓一件舊 T 恤看起來像一雙過大的翅膀。「這會導致我們這個產業滅亡。民眾會覺得買新抹布更划算。所以你得找到人照你想要的方式裁切抹布。」他的裁切方式，或者說星級抹布公司的裁切方式切出的抹布，看來才是大多數人心目中的抹布。

　　對身在抹布產業以外的人來說，這一點似乎無關緊要，甚至近似荒謬。但是對於希望盡可能延長二手衣物壽命的人來說，這一點至關重要。

　　陶德對於再生抹布的未來始終很樂觀。但是這點並無法阻止他偶爾對這個產業開玩笑。我們的訪談剛開始時，他告訴我在最近一個產業大會上，有個同業公會的同行報導說，對於他們的產業，他有一個好消息與一個壞消息。「好消息就是，」陶德邊引述邊笑起來，「沒有人想進入這個產業。」

第九章

有足夠多可以賣的東西

▼

一個下雨的週一，明尼蘇達州黃金谷的 169 號公路正是交通尖峰時間，空巢清理公司慈善商店前的停車場上卻相當空蕩。店裡也一樣冷清，很難想像週末這裡通常會擠滿購物人潮。儘管每週一全店的商品都打六折，但是許多顧客認定最好的東西都在週末被買走了（其實並沒有），或者就只是來買自己需要的東西，而非自己想要的東西。

慈善商店的創辦人與經營者莎融・費雪曼此時正在前面與一個男人交談。莎融向我介紹他是卡車司機沙恩。沙恩頭上戴著一頂牛仔帽，身上穿著牛仔褲與牛仔外套，腳上一雙帶馬刺的牛仔靴。他正在跟莎融分享一個有趣的消息：對街的柏金斯快餐店剛倒閉，他得到准許把餐廳招牌從清運卡車裡挖出來。

莎融往店裡瞥了一眼。店裡擺滿了成千上百件從數十間房子清出來的東西，而從數週與數月前就安排好的清屋活動還會運來更多東西。為了騰出空間，莎融馬上就要展開她一

週一次、令人心痛的淘汰過程，好清掉沒賣掉的存貨。不過
首先得處理餐廳招牌。「我要去清運卡車上挖寶。」她告訴
我。

　　沙恩與我跟著她走出店門，前往對街。柏金斯快餐店的
停車場上停著一輛清運卡車，裡面有一個 10 英尺長、5 英尺
高的綠色塑膠「柏金斯快餐店與麵包店」招牌。「我要這招
牌，」她說，然後轉向沙恩，「你覺得會有人買嗎？」

　　也許明尼阿波利斯市西部市郊某個地方會有個餐廳迷想
把餐廳招牌掛在地下室的牆上；也許不會有那個人。沙恩露
出一個不確定的微笑。「這招牌很大，莎融。而且我不知道
你可以把它放在店內的哪裡。」

明尼蘇達州黃金谷，卡車司機沙恩正在檢查一間柏金斯快餐店丟
棄的桌椅。

　　莎融雙唇緊閉，又轉向招牌。招牌被埋在最深處，前面擋著一堆完好的餐廳桌椅（我在柏金斯快餐店吃了一輩子的飯，所以知道是它的桌椅），光是清出一個通道拉出招牌就是個艱困的任務了。「嗯，也是。也許我可以派幾個員工來搬走幾張桌椅。我們進去問問看。」

　　我們走進餐廳敞開的門，看到剩下的員工，包括前任經理，圍坐在一張桌子邊，悶悶不樂地喝著咖啡。莎融友善地打招呼（她是這裡的常客），然後詢問是否可以拿走外面的桌椅。經理說沒問題，還可以拿走冷藏間裡的金屬置物架，「在明天高層主管來之前」把店裡清得越空越好。他們還送給我們幾個剩下的布朗尼，莎融請我收到袋子裡，回到店裡後分給員工。

　　要離開時，莎融猶豫一下，轉身又問經理：「柏金斯快餐店自己不想要這些東西嗎？」

　　這個問題不無道理：總部在明尼蘇達州的柏金斯快餐店在美國與加拿大有將近四千間餐廳。這些桌椅想必可以拿去給其中一間使用吧？餐廳經理搖搖頭，說：「柏金斯今年要關五間餐廳，倉庫裡也沒地方放，所以我們只能讓清運卡車來了。」

　　回到空巢清理公司，莎融開始忙著把已在店裡的家具賣掉。從清空房屋所得來的二手物品中，有 80% 能在空巢清理公司的店裡賣掉（一小部分則是在網路上賣掉）。這在慈善產業中是非常高的比例，畢竟只要能賣掉 50％ 就很了不起了。儘管如此，空巢清理公司沒賣掉的 20％ 在總量上並不少，這些物品占用空間，有好幾噸重。

　　隨著傍晚來臨，莎融將一把標籤槍掛到皮帶的吊環上，開始有系統地在店裡行進，找出賣不出去的東西。這個一週一次的清除儀式會延續到週二。她把一個綠色的標籤貼到一組白色的皮沙發上；稍後，員工會將之刊登到網路二手市場 OfferUp 上。她又把一個粉紅色的標籤貼到一張沉重的橡木桌上，它的一角撞出了一個大洞；不久後，員工就會把它搬到卡車上，運到非營利組織「過渡」（Bridging），這個「家具銀行」會把居家用品分配給從貧困與無家狀態過渡到有固定居所的人。

　　「你都怎麼決定？」我問。

　　「一部分是靠直覺，知道有什麼東西好賣，一部分是看東西在這裡擺了多久。此外，我還會看有什麼東西會送來。」她指的是房子被清空後所運來的東西。「我已經看到照片了。」其實，一整卡車的清屋舊貨就在空巢清理公司的

卸貨區，等著被搬下來、標價、展示。

　　莎融抬頭望向一座高大的實木電視櫃。「這已經在店裡擺兩個月了。」她正在思考要貼什麼顏色的標籤時，一位顧客走過來說想要買那組準備要在 OfferUp 上賣的白色沙發。莎融一聽立刻眉開眼笑；東西在最後一刻被買走，這種狀況並不常見。她前去與顧客約定搬運沙發的時間，我則在店裡亂逛，然後停下來看一個藤籃裡的黑白照片。籃子裡原本是「全家福照」，現在則是不知名的「懷舊照片」。我納悶是否有家族成員會在這些籃子裡發現自己的親人。

　　莎融坦承，隨著退休的嬰兒潮把大量的物品丟進二手經濟，她不知道該如何跟上速度。幾個月前，我們在如今倒閉的柏金斯快餐店用了一頓很遲的早餐。用餐快結束時，她對我談起最近一次跟員工開會的經過。員工想知道清屋的過程中如果找到髒汙破舊的女裝該怎麼辦？裝箱運回空巢清理公司賣（儘管幾乎確定不會有人買）？捐贈給救世軍？還是丟掉？

　　「所以啦，我在內心深處是不想丟掉，」莎融解釋，「但實際的狀況是，這樣要花空巢清理公司的錢。紙箱要付錢，拿去捐贈所花的時間與運費也是我們要付錢。而且慈善機構是不是最後也只能把它們丟掉？」如果她想經營扣掉僱用員

工、提供清屋與轉售服務服務的成本後還能賺錢的生意，那麼答案很明顯，但是也很令人心痛。

莎融並不是唯一一個感到掙扎的人。在善意企業、救世軍、基督教會或猶太教堂的跳蚤市場，在每次車庫拍賣的尾聲，都有人會提出與莎融的員工類似的問題。眾人渴望的答案，即「把你不要的舊東西交給我們，『這個創新永續的解決辦法』，不花你一毛錢，你的東西會無限地被重複使用」，幾乎從來不存在。與此同時，物品的洪流不停增加，這表示從經濟效益來說，想要創造「創新永續的解決辦法」只會更困難（更別說要持續了）。希望自己的東西還有人要、還能派上用場的消費者，到了某個時間點也必須接受這個事實：每個東西的壽命都有盡頭。

「我有個推測。」我告訴她。「當空巢清理公司隨著時間成長，你們會丟掉更多東西。」

「這就是我們的掙扎。」她答道。「把東西丟掉。」

「人們真的想知道他們的東西還有人會用。」

「沒錯！」

「這最重要。」

「沒錯。我想要說到做到。」

　　所以，該怎麼辦？

　　從一個關鍵角度來看，沒什麼能做的。莎融與整個二手產業，無論是善意企業或抹布廠商，已經在進行永續與營利的工作了。他們所實踐的「再利用」早於環保運動、清除雜物的風氣與嬰兒潮所製造的物品氾濫。二手產業不需要被重新發明、重新調整或重新規範。如果真的要做些什麼，我們應該鼓勵與研究二手產業。

　　儘管如此，空巢清理公司等類似的企業仍不足以解決大量人類不要的東西所帶來的情緒、財務與環境挑戰。我們需要其他的答案。

　　回收，也就是把舊東西轉換成新原料後，再製成新產品，是一個不錯的做法。但是就如同我在《一噸垃圾值多少錢》一書中所描述的，回收並不完美，尤其是從環保的角度來看。首先，沒有東西是百分之百可回收的，無論製造商怎麼說（比如說，智慧型手機所使用的約三十種金屬中，有一半基本上是無法回收的）。大多數複雜的物品，從手機到沙發，都含有可回收與不可回收的成分，而把可回收成分提取出來的經濟與環保成本往往過高，使得垃圾掩埋或焚化反而更合理。

　　這還不是唯一的問題。比起以新紙製書，以再生紙製

書所使用的能量與原料是更少，但它仍然需要花費能量與原料。儘管「回收」的口號緩解了消費者對環境衝擊的擔憂，並降低原料的整體成本（回收的原料可與新生原料直接競爭），最後反而導致消費者消費更多。[32]「回收」排在環保3R（減量、再利用、回收）的最後是有原因的：它是第三好（或是最不理想）的選擇。當像可口可樂這樣的消費品牌標榜其產品的可回收性時，它不是在促進永續，而只是在消除注重永續的消費者心中的罪惡感。

　　另外一個越來越盛行的解決辦法（至少在富裕國家）甚至位於「減量、再利用、回收」之上：極簡主義。極簡主義者拒絕把購物當嗜好、把家裡堆滿雜物，而是把擁有的物品縮減到最基本的必需品，並在亞馬遜與購物中心之外尋求娛樂。為此書進行研究時，我訪談過的許多清屋專家都承認，在一再看到滿房子過多的東西後，他們多少都採取一定程度的極簡主義。吉兒・弗里曼是明尼阿波利斯和緩過渡公司的專業分類員，在我問起她家裡是什麼樣子時，直言不諱地對

---

32 更多相關資訊，請見：Catlin, Jesse R., and Yitong Wang. "Recycling Gone Bad: When the Option to Recycle Increases Resource Consumption." Journal of Consumer Psychology 23, no. 1 (January 2013): 122–27.https://doi.org/10.1016/j.jcps.2012.04.001. Zink, Trevor, and Roland Geyer. "Circular Economy Rebound." Journal of Industrial Ecology 21, no. 3 (2017): 593–602. https://doi.org/10.1111/jiec.12545.

我說：「我們不買東西。我們不帶東西回家。需要的東西我們都有了。」這是一個她也嘗試傳授給他人的做法。她說，遇到婚禮或其他慶典時，與其贈送實體的禮物，她寧可贈送現金或「經驗」，像是餐廳禮券。

我可以理解。儘管我自己不是那麼愛購物，為此書進行研究訪談的經驗，比如參觀慈善商店的作業與觀察清空房屋的過程，也使我開始重新思考自己的消費與囤積行為。我很快就發現，我所珍惜的東西，通常在除了我以外的人眼中毫無價值。一旦領悟到這一點，我就釋懷了，並且開始減少購物。

如果能有更多美國人也產生這樣的頓悟該有多好。（也許就在閱讀這本書後？）有些趨勢的確是正面的，比如說，智慧型手機給予全球數億人口一個很好的理由，不再購買相機、電視、立體音響、筆記型電腦、DVD、CD、錄音帶、錄影帶或相簿（再過一個世代，紙質相片就會跟油畫一般稀少）。沒錯，這個所謂「去物質化」的現象最後會留下許多過時、難以回收的智慧型手機，但是與成堆的錄影帶、CD、DVD、黑膠唱片、相片、市內電話、錄影機，以及各種被手機取代、最後流入善意企業，而且大多都沒人要的物品相比之下，這是很大的進展。

　　儘管如此，無論是智慧型手機、極簡主義或個人的消費選擇都無法克服兩個不可動搖的事實。首先，儘管極簡主義（以及日本的清除雜物「藝術」）是全球指南類暢銷書的主題，它對於世界上的物品量並未產生多大的影響。它甚至還可能增加了世界上的物品量，因為它給予人們理由買更多東西。（房子裡很空！）再來，以消費為基礎的經濟與生活方式不可能消失，就連在環保意識抬頭的富裕國家也一樣。

　　比如說，2010 年代初期，社會學家、經濟學家與行銷人員注意到出生於 1980 年代初期與 1990 年代末期之間的千禧世代，購買的汽車與房子比上一代少多了。根據這個盛行的理論，千禧世代擁抱新興的共享經濟，樂於使用像 Uber 租車服務與 Airbnb 的租屋服務。他們不買東西，寧可購買體驗，像是旅遊。盛行於主流媒體的樂觀闡釋是，這種選擇「共享」而不自己「擁有」的意願，部分起源於氣候變遷與環保意識的覺醒。

　　然而，最近的研究顯示，千禧世代偏向共享的現象，其實是因為金錢短缺。高昂的市區房租、沉重的學生貸款以及 2008 年金融危機留下的陰影，造成千禧世代無法進行被上一代視為成年禮的大筆開銷。如果把更多錢塞進千禧世代的口袋裡，他們也會開始買東西。的確，美國銀行於 2018 年對

兩千名成年人進行的調查顯示，72％的千禧世代認為擁有一間房子是「最重要的人生目標」，比旅遊、結婚與生子更重要。[33] 另外一項消費者調查也顯示，儘管樂於使用租車服務，75％自己沒車的千禧世代極力追求擁有一輛汽車。[34] 在大西洋對岸，歐盟面向共享經濟仍在進行的一項研究顯示，「唯有共享平台提供的服務比傳統服務更划算時，千禧世代才願意使用共享平台」。[35] 至少由此看來，歐洲與美國的千禧世代消費者其實與開發中國家資源貧乏的消費者差不多。兩方都渴望消費。

　　這並不表示人類對不斷增加的二手廢棄物品浪潮束手無策，不過這的確表示我們在對這股浪潮提出問題時必須更有創意。比如說，見到滿房子的東西準備被搬上清運卡車，要問的問題不應只是「如何處理這些東西？」，還需要是「如何確保滿房子的東西最終可以在慈善商店中賣掉？」吉兒‧弗里曼與我喝咖啡時為我用另外一種方式重述了這個問題：

33 Bank of America. "Homebuyer Insights Report," 2018. https://info.bankofamerica.com/homebuyers-report/.

34 Accel and Qualtrics. "The Myth of the 'Don't-Own' Economy." Millennial Study, 2017. https://www.qualtrics.com/millennials/.

35 Ranzini, Giulia, Gemma Newlands, Guido Anselmi, Alberta Andreotti, Thomas Eichhorn, Michael Etter, Christian Hoffmann, Sebastian Jürss, and Christoph Lutz. "Millennials and the Sharing Economy: European Perspectives," (October 30, 2017). http://dx.doi.org/10.

「如果你想舉辦一場家產拍賣，重點不是有足夠多東西，重點是有足夠多可以賣的東西。」換句話說，善意企業就是無法賣掉一件洗了兩次就起毛球的二手襯衫；空巢清理公司無法搬移（更別說賣掉）一組由塑合板黏合製成的宜家書櫃。

從這個角度來看，造成祖母的房子裡塞滿沒人要的東西的，並不是物品危機。更確切來說，這是一場醞釀許久的品質危機。

本書最後幾章會討論幾個可行的步驟，以扭轉這個品質危機，確保有更多東西能夠流入二手經濟。我們可以將這想成一項可以讓慈善商店、抹布工廠，以及其他二手物品的忠實支持者增進收益的計畫。

只有前兩個步驟，即促進產品壽命與可修復性的措施需要政府的直接涉入。而涉入的方式其實相當簡單，目的是鼓勵消費者與製造商繼續採取其已經有意識或無意識認為是對自己最有利的做法。其中一個這樣的有利之處就是減少擁有產品所造成的花費，從冰箱到運動衫都一樣。鼓勵消費者購買更持久、更耐用、可修理的產品，就是一個可行的做法。長期下來，這個做法會為二手市場帶來更多存貨，這也代表不會有那麼多東西塞滿我們的住家。

第三個步驟，也是最後一個步驟，可能是最困難的。它

要求消費者、記者、企業與政府官員接受這個事實：他們眼中的廢物，對其他人來說可能是機會。我會在本書最後一章說明，長久以來，愚昧無知的偏見，包括種族偏見和經濟偏見，阻礙著理性的人們看見二手商品在不同的環境中所擁有的可能性。克服品質危機也意味著接受這個事實：在你看不到品質的地方，也許有別人會看到品質。

　　顯然，沒有一種解決辦法或好幾種解決辦法能夠阻止人們家中堆滿不要的東西。慈善商店會繼續丟掉商品。清屋公司會難以為早已不值得收藏的藏品找到新家。時尚會使最耐穿的衣服與最堅固的餐桌淘汰成沒人要、占空間的物品。儘管堆積如山的廢棄物讓人感到悲觀，企業家們正在找尋從中謀生的方式。他們制定商業計畫，僱用親朋好友，將自己與資本投入一個已經存在、他們打賭商機無限的二手經濟。我認為他們前途無量，而我們所有人都可以出一點力協助他們取得成功。

第十章

它可以用一輩子

▼

　　北莫利大道南端的行人過境處是亞利桑那州諾加萊斯寂靜的市中心最繁忙的地方。我看著一位母親帶著女兒揹著兩個小圓筒包穿越「往墨西哥」的大門。三十秒鐘後，一個身軀佝僂、穿著牛仔褲與牛仔襯衫的老人從墨西哥返回，手上什麼東西都沒帶。

　　北莫利大道上的房屋大多都是兩層樓高，沒有一棟看起來是最近才建好的。街上有一間免稅店、一間香水店、幾台自動提款機，還有幾間從百貨公司改建成的一元店，以滿足邊境過客的需求。有一間店的櫥窗裡堆著仿冒的 Levi's 牛仔褲，我走了進去，在走道間閒逛，看到各種低成本、低品質、中國製的小東西、衣服，甚至還有零食。

　　再往北幾條街就是善意企業，剛好就在該市的商業開始沒落之處。它位於一座停車場一端的單層建築物裡，旁邊是一座半空的長型購物中心，以及一間 Pep Boys 汽車零件商店與服務中心。這間善意企業是往北 65 英里、艾文頓街

上那間暢貨中心的翻版，只不過更小、更緩慢。早上九點四十分，六名顧客悠哉地在三十二輛堆滿衣服的推車裡翻找商品。似乎沒有人在趕時間。如果這裡有競爭，那麼顯然今天「競爭」放假了。

我在店裡閒逛，然後停在一個角落，這裡有兩輛推車堆滿了善意企業沒賣掉的捐贈品，不久就會送去垃圾掩埋場。我在裡面看到三顆保齡球、一瓶空了的 Miracle-Gro 水溶性肥料、一個裂開了的兒童增高座墊、一台沒有品牌的吸塵器、一套 TurboTax 2005 報稅軟體、一個破舊的公事包、一張捲起的墊子、很多很多印著健身房名字的運動水瓶，還有許多其他的東西。

與此同時，在店內的另一端，週四的拍賣活動即將展開。三名員工拿著寫字板站在那，與三位中年女性用西班牙語閒聊。店長露皮塔・拉莫斯說這三位女性是常客，老是為邊境另一邊的墨西哥顧客買進許多商品。她們的男性伴侶站到旁邊，雙手插在牛仔褲口袋裡，在牛仔帽或棒球帽下對彼此露出難為情的微笑。

第一批拍賣品是十二個洗衣機大小、裝滿沒賣出的耐用品的紙箱，包括玩具、塑膠壺、舊家電、活頁夾等。拍賣從 20 美元起跳，每一次增加 1 美元。大多數的紙箱最後都會在

25 ～ 30 美元之間得標。有兩個紙箱沒賣掉。我往其中一個紙箱裡看了一眼，堆在最上面的是一台百得麵包機與三顆保齡球。

接下來的拍賣品是堆滿二手兒童汽車座椅的推車。這就引起我的注意了。就跟許多父母一樣，我也聽過二手與過期的兒童汽車安全座椅可能引起的危害；它們在網路上的親子論壇引起軒然大波。汽車座椅製造商極力推廣這個概念：用過的汽車座椅很危險，不能流入二手市場。比如說，全球前幾大的兒童汽車座椅製造商 Graco 便在公司網站上寫道：「二手與過期的汽車座椅可能導致危險，特別是你不知道該座椅的使用歷程時。」因此，Graco 在網站上建議：

為了確保汽車座椅不會在過期後再次被使用，不妨取下布料，割斷或移除安全帶，用麥克筆在上面標示清楚，裝進黑色的垃圾袋，然後拿去回收或丟棄。

這個建議帶來的實際效果，就是把父母嚇壞了，他們乖乖地把用過但沒過期的汽車座椅摧毀掉，就怕座椅會在粗心的父母手中成為死亡工具。熱衷於售出更多汽車座椅的零售商也跟著鼓吹這個訊息。比如說，2018 年 10 月，目標百貨

就在商店裡與網路上提出這個警告：「二手的汽車座椅不應該賣掉或送掉，因為汽車座椅每六年就會過期，相關法規也不斷在改變。」這個訊息也傳到了慈善商店。我問過善意企業捐贈中心一位員工，善意企業是否接受二手汽車座椅，他的回答是：「不接受，因為人們會控告我們害死了他們的小孩。」

這回答很幽默，但並不完全正確。南亞利桑那州善意企業會收下人們捐贈來的二手汽車座椅，只是不會在土桑市一帶的商店販賣。在座椅沒過期的狀況下，他們會把汽車座椅運到諾加萊斯拍賣，或者在網路上販賣。在諾加萊斯，墨西哥二手商會買下汽車座椅，運到邊境的另一邊。買不起新座椅的墨西哥家庭可以用相對便宜的價格來保護車上的小孩。

這個狀況似乎對邊境兩邊的雙方都有利。但是身為不斷聽到二手與過期汽車座椅警告的父親，看到那些二手汽車座椅等著被拍賣時，我承認自己還是有些擔憂。使用二手汽車座椅到底安不安全、合不合法？

為了找到答案，我與美國公路交通安全管理局取得聯繫，請求取得兒童安全座椅使用年限的相關規定。一位發言人答覆我：「美國境內沒有實際的規定或法規禁止使用過期的汽車座椅。」

　　美國政府當然知道兒童安全座椅可能會隨著時間逐漸磨損。在美國政府針對管理與測試兒童約束系統[36]所訂下的長篇規定中，詳細地描述如何測試兒童安全座椅上的安全帶是否能長期承受陽光、摩擦與微生物的侵襲（根據這些規定，安全帶是兒童安全座椅上唯一需要測試耐用性的東西）。如果安全帶沒通過測試，就不會安裝到座椅上。就這樣。沒有使用年限相關規定。

　　值得注意的是，這些美國政府要求的耐用性測試，也是比較大的兒童與成年人用的汽車安全帶必須通過的測試。[37]同樣也是要不就通過，要不就沒過。這不無道理，畢竟誰想要一輛安全帶已經過期的汽車？但是這引發出一個奇怪的問題：兒童安全座椅的使用年限是怎麼來的，我們為什麼對二手的安全座椅懷有如此瘋狂的恐懼？

　　為了找出答案，我設計了一個包含四道問題的問卷，寄給全球十大兒童安全座椅製造商。在問卷裡，我詢問他們決定安全座椅的使用年限所依據的程序、是否諮詢材料製造商（像是製造塑膠零件的公司）、是否仰賴任何資料或研究以決定使用年限，以及使用年限從何時開始算起。

36 Child Restraint Systems. 49 CFR 517.213.
37 Seat Belt Assemblies. 49 CFR 571.209.

　　只有兩間公司回覆我。Graco 在回信中建議，汽車座椅應在「使用年限」到期後替換掉，並寄給我一個網站，連結到該公司就汽車座椅使用年限所提供的公開資訊。這一點幫助也沒有。Britax 在回信中要不就回答了我根本沒問的問題（「汽車座椅的壽命自 1990 年代已增加，因為現代的汽車窗戶更先進……減少了汽車座椅與紫外線的直接接觸」），要不就根本沒回答我的問題。比如說，下面是問卷中的第三個問題，以及 Britax 的回覆：

　　Britax 就用過的汽車座椅進行過任何研究，並依此決定座椅的使用年限嗎？可以與我們分享這些研究嗎？
　　Britax 拒絕發表意見。

　　總部位於明尼阿波利斯的目標百貨，一直是兒童安全座椅的主要零售商，它們多年來都有一項活動，那就是如果顧客把二手與過期的汽車座椅拿給它們回收，就能獲得現金抵用券（目標百貨之後會把座椅銷毀，避免流入二手市場）。在一定程度上，目標百貨將此折抵活動標榜為保護兒童。這個活動始於 2016 年，目標百貨宣稱已回收了超過五十萬個汽車座椅。

　　我之前提過，2018 年 10 月，目標百貨在網站上宣稱：
「二手的汽車座椅不應賣掉或送掉，因為汽車座椅每六年就
會過期，相關法規也不斷在改變。」我向目標百貨詢問該公
司是否能就此聲明提供來源時（因為製造商不願意提供來
源），一位公司發言人回覆我，請我參考由汽車座椅工業所
贊助的網站「汽車安全網」（Car-Safety.org）[38]。我收到電子郵
件後才幾小時，目標百貨便將網站上的句子改為：「根據汽
車安全網，汽車座椅每六年就會過期⋯⋯」

　　我猜想，像目標百貨這樣的大型公眾持股公司不會就一
個能夠輕易證實的事實跟記者說謊。我也猜想，汽車安全網
能夠舉出幾個研究結果，顯示二手的汽車座椅比起全新的汽
車座椅風險更大。但是我想錯了！目標百貨的宣稱在汽車安
全網上哪裡都找不到。連一點類似的資訊都沒有。於是我又
寫信給目標百貨，回報我的發現。幾小時後，它的網站內容
又變了，這一回是：「根據汽車安全網，許多製造商建議，
汽車座椅約在六年後過期。」這是一個很模稜兩可的說法，

---

38 汽車安全網的論壇上，使用者還競相敘述他們如何以各種手法防止過期的汽車座
　椅流入二手市場。我覺得最精彩的是一位名為 southpawboston 的使用者的敘述：
　「最好拿個大槌子敲壞，或是用軍刀切壞，然後在每一個碎片上寫上『已過期──
　勿使用──不安全』的大字，然後裝進垃圾袋丟掉，免得還為座椅宣傳。」這個
　做法儘管聽起來很極端，其實跟 Graco 在網站上給予的建議大同小異。

說的其實就是：「六年是一般的建議。」但是如果任何人嘗
試去尋找能夠支持此建議的資料，都會大失所望。汽車安全
網就跟贊助它的製造商一樣，其宣稱根本沒有事實根據。

　　目標百貨是故意把錯誤、無法證實的資訊傳達給父母
嗎？我相當確定，目標百貨在汽車座椅上的語言如此欠缺嚴
謹，是因為該公司（跟許多父母一樣）只是單純假設有資料
可證實製造商印在汽車座椅上的使用年限。當然，這是有利
可圖的，因為它可以提升汽車座椅的銷量。有傳統論點支持
的企業管理層不太可能承認自己有錯。

　　但是我決定先別隨便憑空指控。

　　於是我又問目標百貨是否可以提供其他的資料來源，
證實二手與過期汽車座椅的危險。目標百貨的發言人顯然
已經被我惹得很煩了，建議我去讀一篇《消費者報告》的
文章。[39] 我讀了，但是該文章仍然沒有回答我的問題。我決
定不再進一步惹惱目標百貨，而且目標百貨似乎也無意跟
我嚴肅地討論其誤導大眾的行銷手法；我寫信給《消費者
報告》，詢問他們是否有任何資料可證實汽車座椅的使用年
限。《消費者報告》一直沒回覆。

---

39 Consumer Reports. "Are Secondhand Car Seats Safe?" January 28, 2017. https://www.
consumerreports.org/car-seats/are-secondhand-car-seats-safe/.

然後我偶然發現了瑞典。

自 2008 年以來，瑞典成功將公路上的死亡率減為一半，甚至還計畫在 2050 年把公路交通意外死亡率減至零。為了達到這個目標，瑞典擁有全世界最好、最嚴格的兒童安全座椅法規。這些法規也取得實際成果：兒童交通意外死亡率已減少到幾乎為零。說瑞典是全球汽車與道路安全的黃金標準，一點也不誇張，甚至也許還太保守。

我猜想，如果有哪個人可以對二手與過期兒童安全座椅是否危險這個問題給我一個誠實、有數據支持的答案，那就非瑞典官員莫屬了。於是我聯繫瑞典交通部的交通安全與永續局局長瑪莉亞・克弗特，她多年前曾在個人網頁上提倡使用二手汽車座椅，以及斯德哥爾摩哪裡可以買到好的安全座椅。[40] 克弗特建議我去找卡羅琳醫學院與查爾莫斯工學院的安德斯・克格蘭教授，他也長年是瑞典前幾大保險公司 Folksam 的交通安全研究部主管。就跟世界各地的汽車保險公司一樣，Folksam 出於自身的經濟利益，勢必會想辦法確保乘客安全（危險意味著理賠與金融損失）。1990 年代初期，Folksam 還生產自己的兒童安全座椅。如果二手的汽車

---

40 Krafft, Maria. "Köp Gärna Begagnad Bilbarnstol." Trfiksäkerhetsbloggen, September 25, 2009. http://trafiksakerhet.folksamblogg.se/2009/09/25/kop-garna-begagnad-bilbarnstol/.

座椅有危險，那麼克格蘭教授一定會知道。他在電子郵件中分享他的想法：

我們在瑞典也有同樣的經驗。兒童約束系統（以及其他安全設備，如腳踏車安全帽與機車安全帽）製造商總告訴顧客，在一定的使用年限後應購買新產品替換，而且該使用年限往往相當短。

從我們在真實世界看到的車禍經驗，我們看不出來有任何證據可以支持這個做法。

他在電子郵件中繼續談到 Folksam 過去生產的安全座椅：

我們在 Folksam 還存有一些二手的安全座椅。在這 20～30 年之間，我們在座椅的塑膠材質上沒有看到任何改變或問題。

這並不是確切的數據，但已經比世界上最大的安全座椅製造商與目標百貨願意或能夠透露的訊息還要多了。

克格蘭教授最後結論說，Folksam 建議，只要安全座椅

沒出過車禍，也沒有顯示出任何損壞，都可以繼續使用。他還提到，座椅的設計一直在改進，所以更新的座椅可能更安全（尤其是和使用超過十年的座椅相比），但是使用舊的安全座椅並不違法，也沒有安全隱憂。

　　對善意企業汽車座椅拍賣上的出價者來說，克格蘭的回覆根本不值得大驚小怪。有五十個左右的安全座椅被拍賣，除了三個，其他的全在短短幾分鐘就賣掉了。價格從 5 美元～ 30 美元不等。座椅被買走後，還有出價者問善意企業的員工下一批座椅什麼時候會抵達。想到那場拍賣，我覺得目標百貨幾年來回收了超過五十萬個安全座椅實在很可惜。那些座椅其實可以賣掉，如此一來邊境南邊將有更多兒童可以更安全地坐在車裡，因為他們的父母可以在二手市場買到安全座椅。

　　自大眾市場出現，產品製造商與零售商便對其產品的使用壽命很謹慎。部分是為了消費者與製造商雙方的利益。比如說，罐頭湯上的保存期限可避免消費者食用腐敗的湯，並免除製造商為吃了腐敗食物而生病的消費者負起責任。部分則只是為了製造商自己的利益。 1924 年，全球幾個最大的燈泡製造商形成同業聯盟，同意共同縮短燈泡的壽命以促進

銷售。[41]

　　在大多數的例子，產品壽命往往被用來鼓勵或逼迫購買更多產品。袋裝餅乾或阿斯匹靈過期了？再去買更多吧。使用壽命還可以經過設計以促進銷售。比如說，手機或平板電腦的使用壽命常常受限於其電池的使用壽命。Apple 在這一點上就很厲害。2017 年，這個全球價值最高的公司承認，他們曾透過軟體更新降低舊款 iPhone 的運作速度，使其隨著電池老化與耗盡而越來越慢。公眾的憤慨迫使該公司公開道歉，並解釋其只是在嘗試維持 iPhone 電池的功能。但是至少在法國，執法機構不相信這個藉口，並開始調查 Apple 是否違反該國的「計畫性汰舊」法，這條法律規定公司故意縮短產品壽命是違法的。

　　法國人（至今）沒有起訴 Apple 或任何人「犯下」計畫性汰舊的罪。這很明智。計畫性汰舊已成為消費文化的一部分，無法以法律消除。其實，計畫性汰舊還是一項久負盛名的傳統。1955 年，通用汽車的首位設計師哈利‧厄爾（恐怕也是 20 世紀影響力最大的藝術家）就解釋他的設計所追

---

41 關於好讀版的燈泡壽命工程史，請參閱：MacKinnon, J. B. "The L.E.D. Quandary: Why There's No Such Thing as 'Built to Last.'" https://www.newyorker.com/business/currency/the-l-e-d-quandary-why-theres-no-such-thing-as-built-to-last.

求的並非永不過時：

　　我們的任務是加速淘汰。1934 年，平均的汽車擁有期
是五年，現在（1955 年）是兩年。等到縮短成一年時，就很
完美。[42]

　　厄爾在這方面很成功。20 世紀中期，廢棄汽車成為美
國境內最普遍與最迫切的環保問題，導致林登・詹森與理
查・尼克森兩任總統都不得不開口批評並採取行動。[43] 但是
厄爾似乎低估了自己的藝術才能，也沒想到其實民眾也強烈
渴望擁有經典持久的產品（以及新的、用過就丟的東西）。
厄爾所設計的車款雪佛蘭科爾維特（Chevrolet Corvette）至今
仍是世界上極具收藏價值的車款。2013 年，厄爾生前擁有
的雪佛蘭在拍賣會上以 92.5 萬美元的高價售出。該買主肯定
不認為它過時了。
　　不是只有富裕的汽車收藏家在尋找永不過時的產品。一
般的消費者也一樣。2016 年，歐洲的研究人員讓 2,917 名歐

---

42 Slade, Giles. Made to Break: Technology and Obsolescence in America, 45. Cambridge, MA: Harvard University Press, 2006.

43 關於該問題的規模以及最終如何解決的更多資訊，請參閱《一頓垃圾值多少錢》第 10 章。

洲購物者在標示著不同使用壽命的產品中選擇。[44] 在充斥快
時尚、宜家家具與拋棄式螢光棒的時代，調查的結果令人吃
驚：平均說來，無論價格高低，產品上標示或實際使用壽命
更長的產品，其銷售率增加了 13.8％。

　　有些類別的產品差距更明顯。使用壽命對電視的銷售幾
乎沒有任何影響，但是行李箱的銷售則因此增長 23.7％，印
表機增長 20.1％，運動鞋增長 15％。不過，最具啟發性的
發現則是消費者願意為壽命更長的產品所付出的金額。比如
說，如果一台洗碗機的使用壽命比同類產品多兩年，90％ 的
受試者願意為售價 300 ～ 500 歐元（約為 347 ～ 567 美元）
之間的洗碗機平均多花 102 歐元（約為 115 美元）。

　　這是與現況格格不入的發現，因為大多數的消費者、行
銷分析師、經濟學家與商務記者幾乎只把焦點放在新產品的
生產、行銷與銷售。但是花幾分鐘在慈善商店，或是柯多努
的布料市場，就可以明顯看到，比起像宜家家具與快時尚這
類使用不久的產品，消費者直覺地更重視產品的耐用性，而
賣方也將之列入成本考慮。他們知道購買短期划算的產品無

---

44 Dupre, Mikael, Mathieu Jahnich, Valeria Ramirez, Gaelle Boulbry, and Emilie Ferreira.
　 The Influence of Lifespan Labelling on Consumers. Brussels: European Economic and
　 Social Committee, 2016.

法滿足自己長期的利益；只要有機會，他們寧可現在多花點錢，將來就可以省更多錢。

　　2017 年 9 月，我前往芝加哥參加由 Poshmark 舉辦、為期兩天的 Poshfest 年度研討會。 Poshmark 是一個快速成長的二手衣網路市場，上面有三百萬名左右的買家與賣家。研討會有幾百人參與，大多數都是專門在 Poshmark 上賣衣服賺取收入的人（好幾個人告訴我，他們一年的收入超過 10 萬美元）。我問這些賣家顧客最常買什麼品牌時，答案都是高品質（而且價格高）的品牌：Lululemon Athletica、Santana Canada、The North Face 等。而且這不只是個別賣家主觀的印象。根據 Poshmark 的數據， Lululemon Athletica 在 2017 年 9 月是 Poshmark 最暢銷的女裝品牌（同時也是該網站上最暢銷的品牌），而且自此在銷售排名上一直居高不下。我問起在該網站上有幾百件商品的科羅拉多賣家普里希拉‧羅密洛，為什麼二手的 Lululemon 如此暢銷時，她難以置信地看著我說：「因為它耐穿啊。」廉價的運動服飾不會有如此的收藏價值。

　　我聯繫 Lululemon，詢問二手市場是否影響他們決定零售價格，但是他們拒絕發表意見。幸好有其他公司願意跟我

討論這樣的可能性。

　　2011 年，高檔永續戶外服飾的製造商與零售商 Patagonia 開始收集與販賣二手的 Patagonia 服飾（一開始在 eBay，後來則透過 Patagonia 自己的商店與網站），而且希望到了 2023 年，二手服飾可達到總銷售量的 10％。

　　我在電話上與 Patagonia 的企業發展部經理菲爾‧格雷夫斯問起二手 Patagonia 產品（該公司取名為「舊衣新穿」）對 Patagonia 新產品的銷售有何影響。他告訴我，兩個市場是互相獨立的，至少目前為止是這樣。但是長期來看，二手市場也許會推動 Patagonia 高價新產品的潛在市場。「許多二手產品顧客是 Patagonia 的新顧客。」他解釋說。「他們喜歡我們傳達的產品訊息，但也許缺乏財力購買。所以較低價的二手產品是個入手的方式。」

　　目前，Patagonia 新產品的銷售遠勝過於二手產品的銷售。但是如果 Patagonia 的產品就如格雷夫斯所說的如此耐用有價值，比例應該會開始改變（就如同翻新手機目前已成為全球手機市場成長最快的類別）。果真到達這個程度時，Patagonia 的二手市場將會成為如同世界上最大、價值最高的二手車市場般的存在，只是規模比較小。

　　注重永續的消費者通常不會把汽車視為永續產品。但是

也許他們應該改觀了：2018 年，美國人買了 1,730 萬輛新車與 4,100 萬輛二手車。而且這不是反常狀態。在美國與歐盟等已開發國家，二手車的銷售量通常是新車銷售量的兩倍到兩倍半。而隨著長期租車越來越普遍（約有三分之一的新車是以長期租賃的方式提供給消費者），越來越多的汽車在租賃結束後進入二手市場，使二手市場逐漸擴大。這使得更多消費者可獲得高品質、新款型的車輛。而且現在對汽車的需求正快速成長，尤其是在新興的亞洲與非洲國家。

仔細想一想，這就有點像是 Patagonia。潛在的汽車買主可以用更少的錢獲得喜愛的品牌（在 Patagonia 可以用舊衣服換取商店點數，這和汽車經銷商的做法類似），還可以在出售新產品的同一間店裡購買。只不過在汽車行業，人們稱為經銷商。沒有什麼比蓬勃的二手市場更能推銷新產品的耐用性了。

每有全新款型的車問世，消費者就會不斷尋找評鑑新車品質的方式。1926 年出現了 一個系統性的協助：來自洛杉磯的企業家萊斯‧凱利發表了第一本《凱利藍皮書》（*Kelley Blue Book*），說明如何評估新車與舊車的價值，此藍皮書目前已成為全球權威。從一開始，凱利就看到了預估新車再出

售的價值有多重要。凱利汽車評鑑機構在公司網站上解釋其
理由：

為什麼再出售的價值這麼重要？因為你大概不會把車一
直開到成為一堆廢鐵。無論一輛車你是想開三年或十年，把
車賣掉時得到的金額會影響你擁有該車的總成本。

整體擁有成本對凱利來說相當重要，因此凱利汽車評鑑
機構每年還頒發「再出售最高價值獎」，得獎的汽車公司還
用來推銷其新車。為什麼不呢？以下是凱利汽車評鑑機構把
2018 年的「最佳品牌獎」頒發給豐田汽車的理由：

耐久性與可靠性對二手車買主來說尤其重要，而豐田的
汽車、卡車與 SUV 休旅車（以及一款迷你廂型車）在這方面
名符其實。如果你想在新車上花更少錢，就該買一輛當你在
轉售二手車時能賣出高價的車。任何豐田的車款都有這個價
值。

換句話說：現在多花點錢，將來可以省更多錢。與產品
使用期限不同的是，這是產品壽命的正面訊息，使購買的經

驗成為一種投資，而非短期的消費。從許多方面來看，這也是無形中使接受調查的歐洲消費者願意多花點錢買洗碗機的理由。

當然，不是每個人都有能力投資。一輛 1.3 萬美元的雪佛蘭 Spark 小型汽車的潛在買家，與一輛 5 萬美元的 Volvo S90 旅行車的潛在買家相比，兩者的購買決定恐怕立足於不同的準則。但是多虧《凱利藍皮書》，有預算購買一輛 1.2 萬美元 Nissan Versa 的人，可以依據整體擁有成本考慮更多車款。比如說，自 2019 年起，一輛六年舊的雪佛蘭 Volt 插電式混合動力車通常比新車便宜 60％（其實就跟一輛雪佛蘭 Spark 新車差不多），而且這款高品質的電動車有可能比車齡相同的內燃引擎車更耐用。

這個二手車的現況能否應用到其他產品？說實話，堆積在現代家中的東西，大多都太廉價，無法形成二手市場。善意企業裡不會有拋棄式螢光棒，eBay 上也不會有廉價的塑膠相框或壞掉的雜牌功能型手機。但如同將近三千位歐洲消費者在 2016 年所呈現的那樣，儘管這世界幾十年來充斥著低成本、低品質的商品，人們仍然渴望把購物當作投資，而非只是短暫的消費。

　　打從人們開始製造東西以來，除了自己的直系親屬或鄰居製造的東西，人們總是說：「現在製造的東西不像以前那麼好了。」

　　這句話也沒錯。全球服飾使用率，也就是一件衣服總共被穿過的次數，包括再出售後穿過的次數，從 2002 年到 2016 年下降了 36％。[45] 值得注意的是，下降最嚴重的地區並非富裕經濟體，而是亞州的新興經濟體。在中國，一件衣服被穿過的平均次數從兩百次下降到六十二次（比富裕的歐洲還要低）。

　　此數字下降可部分歸因於時尚的發展速度與全球化，但這並不是全部原因。很少或完全不受到時尚影響的服飾，被穿過的次數也一樣低。比如說，全球襪類使用率下降了 40％左右，睡衣使用率則下降了 50％ 以上。換句話說，如果你跟我一樣，覺得襪子比以前更容易破洞，應該不是錯覺。

　　同樣地，如果你覺得你的洗衣機比你祖父母的洗衣機更容易壞掉，應該也不是錯覺。 2015 年由德國環保局委託進行的一項研究顯示，從 2004 年到 2012 年，因家電故障而購

45 本段相關數據來源：Ellen MacArthur Foundation. A New Textiles Economy: Redesigning Fashion's Future, 2017. http://www.ellenmacarthurfoundation.org/publications.

買新家電的比例從 3.5％ 增加到了 8.3％。[46] 同樣地，大型家電（例如冰箱與洗衣機）在購買五年內因故障而必須替換的比例從 7％ 增加到 13％。如果這比例看起來不高，不妨把它想像成一間製造商的數據。如果一間洗衣機製造商的五年故障率在八年內從個位數增加到兩位數，消費大眾會怎麼想，網路上又會出現什麼評論？

消費者也知道這個狀況。2014 年，英國一間與商界、政府及社區合作的非政府組織發布了一份資料，顯示家電產品製造商遠遠無法滿足消費者的期望。[47] 比如說，英國消費者期望洗衣機至少能使用六年。但是根據調查的資料，2012 年所購買的洗衣中，有 41％ 是買來替換使用不到六年的洗衣機，而 82％ 的受訪者表示替換的原因是舊機器故障或經常出毛病。冰箱與吸塵器的表現還更差。

不是所有的品質問題都歸咎於製造商。對大多數消費者來說，價格是最重要的購物指標，因此製造商總是在尋求方式降低成本，以迎合這個需求。有時候，要迎合這個需求，

---

46 Prakash, S., G. Dehoust, M. Gsell, T. Schleicher, and R. Stamminger. "On the Impact of the Service Life of Products on Their Environmental Impact (Creation of an Information Basis and Development of Strategies Against Obsolescence)." German Federal Environment Agency, 2016.

47 Waste and Resources Action Programme. "Switched On to Value: Why Extending Appliance and Consumer Product Lifetimes and Trading Used Products Can Benefit Consumers, Retailers, and the Environment," 2014. Retrieved from www.wrap.org.uk.

便意味著偷工減料，就如同快時尚的消費者從洗衣機裡拉出褪色的衣服時領悟到的那樣。但偷工減料並不總是製造商的對策。摩托羅拉（Motorola）的第一部行動電話在 1980 年代的售價為 9,000 美元，而且不包括相機、全球定位系統、語音辨識等今日消費者在 200 美元的智慧型手機上所預期的功能。有時候，創新的壓力是降低成本最好的做法。

想要見識全球最大的商用洗衣機製造商的實驗室，你得前往美國威斯康辛州中部，走下一段樓梯，來到一個充滿肥皂味的地下室。拐過兩個轉角後，是一個看起來很像洗衣店的空間。這裡至少有將近上百台洗衣機，看起來全在運轉，但是在看顧的人都穿著白色的實驗衣。

此刻，我來到了聯盟洗衣系統公司（Alliance Laundry Systems）。跟我在一起的還有該公司的全球公關經理藍迪‧拉德克，以及快速反應工程總監湯姆‧弗德瑞克。每年，這間擁有百年歷史的公司售出數百萬台洗衣機與烘衣機，客群有旅館、洗衣店、醫院、軍隊、大學宿舍、工業洗衣店、餐廳，以及越來越多的家庭消費者。大多數機型都是由里彭市的一千六百位生產人員製造；里彭市的人口大約是七千五百人。

入門級皇后洗衣機 TR3 看起來不像是引領風潮的家電，但是銷量絕對有那個實力。
（照片由聯盟洗衣系統公司提供）

　　我們停在一台直立式皇后洗衣機前，皇后洗衣機是聯盟洗衣系統公司為一般消費者與投幣洗衣店所生產的品牌。它不便宜。根據該公司自己的估計，它比同業產品的價格高出 300 美元左右，或者說得更具體一點，一台入門級洗衣機的價格為 1,000 美元左右。以這個價格，它的外型一點都不特別。我正在看的機型有個白色的鋼殼，上面有三個旋鈕，一個調水溫、一個調容量、一個調洗滌行程。它使我想起祖父母家地下室裡用了幾十年都不會壞的古老洗衣烘衣機。

　　「我們讓機器全年無休地運轉。」弗德瑞克邊說邊打開蓋子，讓我看到裡面咻咻轉動的水。「這裡的機器並不全是樣品機。有時候，我們會檢驗自己的產品以確保品質。有時候，我們會設計單一零件的樣品。情況都不太一樣。」附

近，一台機器正在運轉，控制面板上貼著一塊綠色的膠帶，上面寫著：噪音／中等轉速。

「那是什麼意思？」

「可能是裝了新的樣品零件的老舊機器。」

在實驗室裡，他們不遺餘力。「我們會把曲棍球丟進烘衣機。」弗德瑞克告訴我。「烘完之後，曲棍球看起來就像一塊木炭。」沒錯，我此時聽到烘衣機測試區傳來砰砰砰的碰撞聲。然後我們拐過一個轉角，聽到更大的聲響：每四秒鐘，一個機器手臂便打開又甩上一台洗衣烘衣機的門。根據上面安裝的計數器，我看到的是第 54,472 次甩門。在另外一處，我看到一台洗衣機已運轉了 9,861 個小時，還有另外一台已進行了 3,180 個洗滌行程。房間的盡頭有一個箱子，用來將洗衣機內的水混合的裝置已經循環了 206,261 次。

「我們還測試洗衣店用的投幣機。」弗德瑞克說。「把投幣機打得體無完膚，模仿有人想把它打壞，偷裡面的錢。」

「我可以看一眼嗎？」

他笑起來。

不過這些投幣式洗衣機還有更重要的意義。隔壁就是生產部，內部空間有好幾個街區長。我得以參觀照明充足的生產線，這裡的幾百名員工每天組裝約一千四百台小型烘衣機

（大型烘衣機的組裝區在別處，有些機型就跟我租來的汽車一樣大）。生產線上的機型看起來都一樣，但是我們來到末端的檢視區時，我看到一個很重要的差別：有些洗衣機有投幣機，有些沒有。「我們在生產上沒有區別，」拉德克在嘈雜的工廠裡提高音量解釋，「提供給一般消費者的機型與提供給商業洗衣店的機型都在同一個生產線上製造。」

這不僅是節省空間成本與生產成本的做法。它還反映出一種設計哲學。其構想很簡單：長期的擁有成本比售價更重要。洗衣店的洗衣機最容易遭受各種虐待，因此要很耐用。不耐用的洗衣機最終會壞掉，無法帶來收入。

這也是聯盟洗衣系統公司執行長麥可‧薛波從邁阿密的公司總部與我視訊會議時所強調的。「最重要的是整體擁有成本。」他解釋說。「打電話叫維修真的很貴。所以我們的設計準則不是『初始成本』。」他指的是標籤上的售價。「初始成本也很重要，但是根據調查的年度不同，它是我們（商業）客戶的第三或第五個準則。」

消費者市場的情況則不太一樣。當民眾在瀏覽百思買（Best Buy）與勞氏（Lowe's）的家電部時，初始成本往往是最重要的購買因素。因此，與其設計出商業客戶所重視的耐用產品，大多數的消費者家電製造商寧可極力使標籤上的價

格更吸引人。

　　里彭市聯盟洗衣系統公司的工廠旁，是該公司新建的、時尚的辦公空間。參觀結束後，我坐在一間通風良好的辦公室裡，和傑‧麥唐諾以及蘇珊‧米勒談話。傑‧麥唐諾是公司副總裁，負責美國境內家用洗衣機的銷售。蘇珊‧米勒是皇后洗衣機北美地區的經理。兩人都是做行銷的，馬上就開始聊行銷，提起皇后洗衣機最有力的賣點：「產品壽命長達二十五年。」這個口號貼在產品上、網站上、簡章上，而且越來越可見於網路評鑑與社群媒體上，因為皇后洗衣機的忠實顧客競相誇耀自己的洗衣機。「這不是你隨便就可以說出口的。」麥唐諾告訴我。「二十五年。你得有證據。」

　　令人遺憾的是，幾十年前，你根本不需要證明這一點。就舉美泰克（Maytag）為例好了。美泰克是備受推崇的美國家電品牌（現在屬於惠而浦）。 1967 年，該公司推出第一個電視廣告，廣告裡的美泰克修理專員「郝即莫」孤單一人、無所事事，等著顧客打電話來申請維修，但是沒有人打來。廣告最後，郝即莫總結說：「美泰克的洗衣機跟烘衣機為了品質而生。美泰克的維修專員是鎮上最寂寞的人。」當時的家電昂貴，而且必須耐用。消費者想確定這一點，而「郝即莫」非常有說服力地展現出這一點，郝即莫也因此成為美國

廣告史中最具代表性的角色。

然後，到了 1990 年代中期，消費者與製造商的期望開始轉變。低成本工廠在亞洲興起，能夠生產出比北美的美泰克成本更低的家電。為了維持競爭力，位於像美國等高薪資國家的製造商也降低售價。但是這個做法不是沒有代價，而且往往得犧牲品質：將金屬部分換成了更不耐用的塑膠；板金變得更薄、更脆弱、更嘈雜。但是消費者多少還算是贏了。自 1990 年代中期以來，所有的主要家電價格都下降了，在全球人口的家庭預算中占了越來越小的比例。

但是品質下降，受害的最終仍是製造商與消費者。 2000 年代初期，美泰克因品質問題面臨越來越多的顧客投訴與集體訴訟。但是該公司也不怎麼努力解決這個問題，只是引進低成本、低品質的新機型。「郝即莫」所象徵的可靠性再也無法說服消費者購買美泰克。

突然間，郝即莫在美泰克的廣告裡格格不入。為了度過這個危機，美泰克僱用了一位行銷顧問，此顧問建議美泰克擁抱這個概念：「最創新的科技並非完全可靠」。[48] 之後的電視廣告裡，郝即莫的身邊出現一位更年輕、更精力充沛的學

---

48 http://www.characterweb.com/maytag.html.

徒，總是在嘗試勝過產品的許多創新科技，然後在此過程中惹惱了老闆。不過，這學徒並沒有待很久。

美泰克在重新塑造郝即莫的同時，聯盟洗衣系統公司則在思考如何重新進入家用洗衣機的市場。該公司自 1970 年代末期易主了兩次，而且因競業禁止條款不得生產家用設備。但是該條款於 2004 年結束。傑・麥唐諾為家用洗衣機決策過程的一分子，他告訴我，當時公司仔細審查以美泰克等機型所常見的便宜價格可以製造出什麼樣的洗衣機，結果得出的結論是，「這樣的洗衣機只能維持五到七年」。

聯盟洗衣系統公司並沒有推出品質低、壽命短的產品，以與更大的公司所生產的類似產品競爭，而是採取與潮流大相逕庭的做法：「我們以最昂貴的產品返回家電市場。我們的口號是：我們二十年來什麼都沒改變。我們生產的是跟 1980 年代一樣的產品。」麥唐諾笑起來，又說：「噢，而且我們幾乎沒有行銷預算。」他們打賭一定有消費者懷念過去產品被製造的方式，而且不在意支付更高的價格，以得到過去他們認為理所當然的產品可靠性。他們打賭仍然有民眾會以商家一般的長遠眼光評估購買的決定。

這是充滿信心的賭注。聯盟洗衣系統公司不願透露皇后洗衣機的實際銷售數字，但是告訴我其銷售量自 2013 年成

長了三倍。「我們的市占率開始增加了。」麥唐諾說。而且皇后洗衣機開始得到大眾的注意。2019 年，《消費者報告》調查其會員在 71,038 款不同洗衣機上的經驗，皇后洗衣機是唯一在顧客滿意度與可靠度上獲得最優評分的的直立式攪拌桿洗衣機（美國人家中最常見的款式）。

坐在我對面的米勒解釋說，其他洗衣機的壽命短（美泰克宣稱其洗衣機可使用十年）[49] 正好為皇后洗衣機創造了機會。「我們的顧客大多是三十歲以上，皇后洗衣機是他們的第三台洗衣機，之前的都壞了，現在他們想要一台耐用的。」她停頓了一下。「我發現了這個品牌，」她說，把社群媒體上火熱的推銷用語換句話說，「它可以用一輩子。」

皇后洗衣機並不是唯一理解到重新擁抱產品的可靠性能帶來利潤的公司，家用電器也不是唯一有公司以產品壽命尋求差異化的消費領域。在服飾領域也能見到這個現象（至少高檔品牌是這樣）。比如說，在二手市場上很搶手的運動休閒服飾品牌 Lululemon Athletica 就有其「五年精選」的短

袖、長袖與 V 領 T 恤。這些精選產品貴得離譜（一件 T 恤要 58 美元），而且無法確定它們是否真能維持五年，更別說五年後還「鮮豔如新」。但是其質料的品質無可爭議，而且 Lululemon Athletica 二手商品在愛好者之間的交易量足以為其價格與五年保證做擔保。

「消費者不想花更多錢，但是看到產品的價值後，他們就會願意花更多錢。」聯盟洗衣系統的麥可‧薛波如此跟我解釋。隨著產品從第一個主人轉手到第二個、第三個主人，其價值也跟著傳下去。

在歷史上，這是一個緩慢的過程。但是多虧了網路，這個過程正在加快。 Poshmark 這類的網站讓消費者可以在衣服穿過一兩次後就迅速轉賣。同樣地，新興的「服飾共享」產業讓消費者得以短期租用最新的時尚。由於是短期租用，許多消費者並不在意品質，最重要的是跟上潮流。但是，提供服飾共享的公司不得不注重品質，因為只「共享」過幾次就壞掉的衣服，勢必比不上能夠共享幾十次的衣服，無法帶來太多利潤。

然而，儘管這個商業模式可圈可點，仍不足以在服飾的品質危機上產生巨大或直接的影響。而其他產品（比如洗衣機）又太大太重，無法在已開發國家中迅速轉賣或共享（但

是二手家電在開發中國家中很重要）。

　　所以還能怎麼辦？

　　有一個做法是讓政府更直接地監管產品的耐用性。其實在某種程度上，政府已做到這一點了，汽車、兒童安全座椅、電器等產品的最低安全標準已經變得普遍而必要。

　　但是除了在安全之外，還要求像是美泰克等製造商生產跟聯盟洗衣系統達到同樣品質標準的洗衣機，就更野心勃勃了，而且也更問題重重。首先，聯盟洗衣系統大概也不會喜歡這樣的規定。畢竟，該公司的消費市場（與售價）得以蓬勃發展，便是因為消費者能夠在許多較差的洗衣機中選擇一台更好的洗衣機。其次，而且甚至是更重要的，如果政府開始規定耐用標準，導致產品價格上漲，受害的就是買不起皇后洗衣機的消費者。如此一來，不只是不公平，還可能導致民眾強烈反對原本啟發此耐用標準的社會與環保目標。

　　最後，要求最低耐用標準的規定勢必會澆熄公司開發新產品的熱忱。強迫公司一開始就達到相當的標準，會使許多公司跳過創新與發展的過程，只願意繼續生產原有的產品。對大多數人來說，為了可靠性而使創新止步，這個做法是站不住腳的。

　　更好的做法其實相對簡單：公司對於產品的使用壽命

必須透明化,在產品上附加貼紙或標籤(在商店裡是實體標籤,在網路上則是虛擬標籤),說明產品根據可驗證的測試預計可以維持多久。這個規定還不一定非得出自政府才會有效。如果是一種自願參與的計畫,讓產業間就耐用標準以及如何標示達成一致,也一樣有效(甚至更好)。

　　當然,有許多方式可以用來標示產品壽命。有些產品類別,像是洗衣機與其他家電,可以用年來計算產品壽命。至於服飾,可以採取評分制度,納入顏色持久度、抗磨損度、洗滌耐用度等多種因素(順便一提,這些標準大多已存在)。更複雜的產品,像是筆記型電腦,可以規範製造商標示可更換零件的預期壽命,像是電池的壽命。智慧型手機與其他用不久的消費電子產品,則應該包括製造商計畫以防毒與其他軟體支援該產品的期限。

　　標示產品使用壽命並非全新或極端的想法。過去幾年來,歐洲與歐盟內的政府已開始嘗試要求在某些產品類別上標示使用壽命。在美國,家具布料製造商早已仰賴「布料耐磨度」為家具的耐用性設立透明、統一的標準。今天,大多數的優質家具製造商會在產品上附加一個標籤,標示其長期耐磨度(儘管許多消費者可能根本不知道有這標籤,或是不知道這標籤有何意義)。同樣地,美國試驗與材料協會國際

標準組織（ASTM）自主發展出的科技標準，也有幾十個與紡織品相關的標準。比如說，泳裝零售商在跟製造商訂購泳裝時，就可以注意「泳衣布料標準性能規定」。

產品壽命標示有用嗎？至今兩項最扎實的研究（都在歐洲進行）都顯示出它在消費者的購買決策上具有保守但具體的效果。[50] 但是這兩項研究都只著重在最直接的影響。如果製造商開始重新思考如何設計、製造與推銷產品的話，將會產生更有意義的影響。

兒童安全座椅就是絕佳的例子，展現出這個重新思考的步驟會帶來多大的轉變。目前，安全座椅製造商沒有動機（或法規）促使他們標示或競爭產品的耐用性。而只要父母無法評估安全座椅能夠使用多久，製造商便可以毫無顧忌地警告座椅過期後就不安全。產品壽命標示則可以消除這個現象，因為製造商被迫要在使用年限上互相競爭，並相應地製造出更耐用的產品。可想而知，能夠維持十年的安全座椅勢必會比能夠維持六年的座椅賣得更好。

當然，並不是所有種類的產品都能從壽命標示中得到相

---

50 Dupre et al. The Influence of Lifespan Labelling on Consumers; and Artinger, Sabrina, Susanne Baltes, Christian Jarchow, Malte Petersen, and Andrea Schneider. Lifespan Label for Electrical Products. Berlin: Press and Information Office of the Federal Government, 2017.

同程度的好處。如果（只是如果）服飾業開始採用產品壽命標示或耐用評分制度，能夠產生的影響恐怕也不大。購買快時尚品牌的消費者不太可能購買更耐用的 Patagonia。儘管如此，這種標示對整個社會造成的衝擊仍然不應被低估。

　　想要應對品質危機與物品氾濫所造成的環境與社會衝擊，鼓勵消費者更認真地思考其消費所造成的經濟、環境與個人成本，會是更重要的一步。此外，這也會刺激產業尋求經濟誘因，進一步設計與推銷更好的產品。如今二手經濟在追求品質方面陷入困境，已經快撐不下去了。

第十一章

富人用壞的東西

▼

　　迦納北部地區的首府塔馬利往北 15 英里處，電視修理師艾伯拉姆‧阿爾哈桑蹲在一個用了二十五年的電視映像管旁邊。他一手拿著一根電焊棒，一手拿著一個電路板。他向我解釋，電視的音量與頻道手動控制壞了，因此他特地改裝了一個電路板，它不僅能修復壞掉的功能，還提供了搖控音量與畫質的功能。修理費總共是 5 美元，不包括零件的費用，零件在這北部地方很難取得，因此整個修理費最後可能是 7 ～ 8 美元，仍然是很實惠的價格。在這一帶，一台差不多年代的二手映像管電視機大概從 15 美元起跳。

　　阿爾哈桑的店舖位在一條塵土飛揚的紅土路上，紅土路穿越薩瓦魯谷的住宅區。薩瓦魯谷是人口四萬人左右的農業小鎮。在這裡，大多數房屋都是泥牆建的；有些是圓的，覆著茅草屋頂；有些是方的，蓋著波狀鐵皮。幾乎每一間都架著電視天線。唯一的例外是小鎮最大的清真寺，清真寺頂部是個金色的圓頂。許多居民都有手機，但主要都是功能型手

機，用來傳簡訊，有些人還用來進行基本的行動銀行服務。
廣播電視與 DVD 仍是最主要的螢幕娛樂形式，而阿爾哈桑
確保人們可以持續看到娛樂節目。

「DVD 播放機很熱門，」他邊修理邊解釋，「很多人拿
來給我修。」五十歲的他面孔英俊，鬍子稍微沒刮，雙眼發
紅，我猜是因為盯著電路板太久了。但是疲憊仍然趕不走他
的好心情與輕鬆的笑容。

「你還會修理 DVD 播放機？」我問。

他轉向迦納裔美籍的二手電子產品商沃布·歐德伊·穆
罕默德，用當地的達巴尼語說了什麼，然後又轉向我，說：
「我在電子產業，我懂電路板跟伏特計，所以我會修。」

「你每天修理幾台電視？」

薩瓦魯古，艾伯拉姆·阿爾哈桑站在他的電視維修店外。他的店
是這個街區的聚集點，經常聚滿了朋友、親戚與粉絲。

「每天五台，不過要看是什麼問題。」

官方數據顯示，人口數三十五萬人的塔馬利有一百多間電視維修店，許多店每天修理遠不止五台電視；保守估計起來，在西非這個人口稀疏的地區，每週有幾百台二手電視被修好。在迦納與奈及利亞的大城市（西非最富裕的地區），電子產品維修店比曼哈頓的星巴克還常見；保守估計起來，每週有幾千台二手電視被修好。把這個數字乘以開發中的西非國家，每週就有幾萬台二手電視被修好，而大多數的二手電視皆從歐洲、美國與東亞進口。[51] 如果有人對節約資源有疑慮，西非地區的物品再利用率可是遠遠超過舊金山、阿姆斯特丹、東京或其他任何以永續經營（與不停地升級）為榮的已開發地區。事實證明，產品要持久，不是只有一開始做好就夠了。

阿爾哈桑是個典型的西非 DIY 修理師（在西非，修理師都是男性）。他小時候家中沒有錢讓他繼續讀高中，於是他去庫馬西跟一位電子修理師拜師學藝。庫馬西是非洲二手貿易的中心，在薩瓦魯古以南約 250 英里處。然後，在師傅的

---

51 這些數據來自於我和北部地區幾位電子修理師和貿易商的採訪，包括艾伯拉姆‧阿爾哈桑、卡里姆‧撒迦利亞（塔馬利）和卡邁勒‧陳迪巴（也在塔馬利）。從國家和地區的角度來看，我非常感謝庫馬西的艾吳杜‧潘。他是該市規模龐大的電視維修業者，也是該市新興行業協會的主要組織者。

協助下，他開始經營自己的維修店。在薩瓦魯古這裡，他廣受居民的敬重。我們閒聊的當下，一位居民插嘴道：「我們對他有信心，相信他能修好東西。」

　　但是從某方面來說，阿爾哈桑有點像以前的人：當世界上大部分地區（包括迦納境內更大的城鎮）都已進步到使用（與修理）平板電視的時代，他還在修理老舊的映像管電視。「你修理的電視有多老舊？」我問他。

　　阿爾哈桑貼近電路板，仔細焊接一個電路連接。他在一張厚重的木桌上工作，桌子上擺滿了電纜、工具、電源延長線，還有坑坑洞洞與燒焦的痕跡。「有些有四十年了。」他說，同時朝地上那台等著修理的索尼特麗霓虹（Sony Trinitron）小電視點了點頭。在他身後有兩扇厚重的木門，打開後是一個昏暗的空間，裡面一層一層堆著幾十台電視，還有一些電路板盒，以及各式各樣的映像管。他 1992 年就進入這一行了。從他的店舖看來，他的收藏至少可以追溯到那麼多年以前。

　　「修理電視最難的部分是零件，」他解釋，「我們沒有賣零件的店。所以如果需要什麼零件，就在舊電視裡找。我有很多舊電視，我的朋友跟以前的學徒也都有。如果我缺什麼零件，我就問他們有沒有。他們跟我一樣有很多舊電視，

就可以看看有沒有我需要的電路板。然後我們就交換，修理則由我負責。」

「如果你找不到零件呢？」

「那就不修理。」

我在迦納總是反覆聽到這一點：長期缺乏零件使得電器無法透過修理延長使用壽命。這就是為什麼舊電器堆在棚子內、院子裡，甚至是屋頂上的主要原因（一台舊電視與一台卡式錄音機就堆在阿爾哈桑的波狀鐵皮頂上，把鐵皮頂都壓凹了）。

羅賓・英格斯隆坐在沃布旁仔細聆聽。他是美國佛蒙特州米德柏瑞好主意回收公司（Good Point Recycling）的執行長。五十七歲的他眼神專注、喜歡交際，手裡拿著一台相機。不過他在這裡不是遊客，而是來研究盛行於西非的修理產業。多年來，他合法出口二手電子產品至開發中國家，其中也包括迦納。沃布是他其中一個客戶，而兩人都想把貿易的內容從完整的電子設備（像是電視）擴大到產品的零件，好讓電子設備可以使用更久。

「你也修理平板電視嗎？」羅賓問。

阿爾哈桑檢查他焊接好的地方。「我以前的學徒學會修理平板電視的技術，然後又教我跟我的朋友。我們一星期碰

一次面，互相指導，說說笑笑很開心。」他抬起頭。「我看過有人用平板電視。我覺得平板電視沒那麼耐用。」

在像迦納這樣的開發中國家，想必情況確實如此，這裡落後的電子公共設施常發生供電不足等問題，容易損害平板電視內精細的電子零件。對羅賓與沃布來說，這從短期和長期來看都是個好機會。如果電視製造商不把零件賣到迦納，那他們兩人就來賣。

我從遮住阿爾哈桑工作空間的金屬遮篷下走出來，為堆在阿爾哈桑家與隔壁鄰居家之間的電視與零件拍了一張照。我在相機螢幕上檢視照片時，羅賓走過來，說：「就像 1970 年代的歐扎克。」歐扎克是他幼時居住的美國鄉下。「一大堆廢棄的舊車，不為什麼，就只等著被取出零件。」但是羅賓就跟任何人一樣深深知道，這個「不為什麼」其實很有價值。他也跟任何人一樣深深知道，能夠修理的設備更有價值。

1829 年，《節儉的美國家庭主婦》的作者莉迪雅・瑪利亞・柴爾德向讀者提供了以下這個常識性的建議：

拿一個袋子保存零碎的膠帶與繩子，有一天一定會用

到。拿一個袋子或盒子保存舊鈕扣，需要鈕扣時你就知道去哪找。[52]

　　在 19 世紀，而且一直到 20 世紀初期，諸如此類的家務手冊提供了一系列的建議協助女性節儉持家。那個年代，節儉不是一種選擇或美德，而是不可或缺的做法。日常生活中的必需品，包括衣服、廚房用具、工具、家具都很昂貴，如果不能用一輩子，至少也該用好幾年。修理就是確保東西能夠使用更多年的做法。縫一個鈕扣所花的精力與資源，少過製作一件新襯衫。保留零碎的繩子，可以省下去城裡買繩子（或是從商品目錄上訂購）所花的時間與金錢。在 1829 年，保存一袋繩子與一袋鈕扣是常識。

　　兩個世紀之後就不是這樣了。身為 X 世代，我可能是最後一代還記得母親會保留一袋舊鈕扣的美國人。而這些保留舊鈕扣的袋子通常不是出於節儉持家的需要，而是母親傳給女兒的持家習慣。但是我母親的母親則一生節儉持家，節儉的習慣從鄉下的愛荷華州與南達科他州一路帶到明尼阿波利斯。我的阿姨瑞塔・桑德斯特倫一天深夜在 Facebook 聊天室

---

52 Strasser, Susan. Waste and Want: A Social History of Trash, 22. New York: Henry Holt, 1999.

中與我分享：

　　我有一個針線包，裡面什麼都有：縫補蛋（我用來補襪子上的洞，尤其是補我爸爸的襪子）；許多種針、大頭針、安全別針，許多捲顏色與粗細不同的縫線（那時捲軸是木製的，現在已經有好幾年都是塑膠捲軸了）、金屬頂針、針插、量尺、拆線刀、縫紉用粉土，此外當然還有很多各種不同的鈕扣。

　　除了以縫紉為嗜好與也許非常熱愛編織的人，這樣的生活習慣已經從美國家庭中消失了。等到我是青少年的時候，衣服的價格與使用率在美國迅速下降，沒有人需要自己補衣服了。等到我成年後，我曾把掉了扣子的襯衫掛進衣櫥，然後因為有新的襯衫就把它們忘掉了。

　　當然，出於必要而節儉持家的做法並沒有完全消失。自汽車世代展開以來，週末才有空的車主會透過自己修理與改裝汽車來省錢。有錢（而且不喜歡碰到油漬）的車主會選擇應運而生的獨立修車廠與維修中心。更有錢與有保固的車主則有昂貴的授權服務中心。從汽車製造商的角度來看，多元的維修方式與價格也符合他們的利益，尤其是汽車的保固過

期後。畢竟，如果一台福特只能在原本的經銷商替換輪胎或機油濾清器，根本沒有人會買。

如果需要證據，在三月底一個寒冷的週六早晨，我在南布朗克斯區找到了。羅賓・英格斯隆把他的黑色本田停在一棟磚造自助倉庫旁的街道上。我和沃布・歐德伊・穆罕默德跟著他下了車。在相隔幾輛車的距離，一台古銅色的現代旅行車從一輛平板貨車滑進一個 40 英尺長的貨櫃，準備運往一個西非港口。到了中午，至少還有兩輛車會進入貨櫃，並且被用鐵鏈升起固定。

「這裡。」沃布說，同時自信滿滿地闊步走進倉庫旁的小泥路。小泥路的末端是一個長形的泥地停車場，停著幾十輛車與幾十個貨櫃，一輛堆高機在之間往返穿梭，還有幾個包裹得密密實實的非洲男人。「這地方 90 ％是迦納人，」他說，「他們把舊車運到西非各地。」我們停在一輛 2017 年款黑色現代 Sonata 旁邊，車頭已撞壞壓扁，引擎蓋稍微往上翹，烤漆已脫落。「無所謂，」沃布打開引擎蓋，「引擎沒壞。」車裡擺著幾個箱子，都是零件，用來把車子修得跟新的一樣。在美國送修會貴到划不來。但是在迦納就不成問題，因為當地許多汽車修理商都專精於修理這類出過車禍但附有零件的進口二手車。

「這樣的車拍賣時能賣多少錢？」羅賓問。

「看情況。這一台可能不到 5,000 美元。運費 1,500 美元。關稅可能 6,000 美元。等到整個修好後，也許 14,000 美元，比新車或二手車便宜。」沃布當然知道。他有錢又有閒時會瀏覽拍賣網，搜尋因車禍而報廢的車輛；保險公司通常會拍賣這些車輛，好取回一點剩餘價值，而西非商人是最熱衷的買家。2017 年，有 48,899 輛二手車從美國出口到奈及利亞，12,434 輛出口到迦納，12,130 輛出口到貝南。

這時，蘇雷曼・亞烏拉朝我們走過來。他是迦納裔美國人，全身散發著魅力。他是公立學校的老師，在正職之外還從事一項獲利豐厚的貿易，也就是從這個停車場把汽車運到非洲與中東。「我的同胞想要回家拜訪時能帶輛車，所以我就幫他們。」他說。他跟他的工作夥伴一天可以裝運八個貨櫃，或者說三十多輛汽車。這並不簡單。我們打開一個貨櫃，看到一輛汽車用鐵鏈綁著吊在貨櫃頂下，跟下面用鐵鏈固定住的汽車只距離幾英寸。再往裡面還有兩輛車。幾年來，這個特殊的裝運法總能把汽車完好地（之前車禍造成的損害除外）運過大洋。更久以前，這個停車場還更大，當時他們每天可以裝運四十個貨櫃，或者說是多達一百六十輛汽車。

　　沃布是這裡的常客。他在拍賣上標來一輛汽車後，他或蘇雷曼會安排讓車子運到南布朗克斯區，然後裝進貨櫃（視車子位在美國何地，運送車子的費用可能從 500 ～ 1,000 美元不等）。車子運到迦納後，沃布就會安排讓人把車子修好，然後他要不就是把車子立刻賣掉，要不就是自己拿來開，等到開膩了，有新車從美國運來了，他就賣掉。他的成交量很大：羅賓很愛提起，一個下午，他在沃布的家鄉塔馬利突然得下車，因為沃布剛把他倆在開的車賣給一個在街上遇到的人（交易內容：沃布的 2015 年款福特 Fusion，換來一輛 2011 年的雪佛蘭 Cruze，再加上 7,000 美元，還有一些土地）。

　　「沃布，我有一輛皮卡車要給你。」蘇雷曼說。我們四人走到一輛嚴重撞凹的 2007 年款豐田 Tundra。

　　「多少英里？」沃布邊問邊往車裡看。

　　「40,000 英里。」蘇雷曼答。

　　沃布看著我，說：「他會跟我開價 5,000 美元。」

　　蘇雷曼露出微笑。

　　其他人繼續閒聊時，我自己到處晃，然後在一輛撞毀的 BMC Mini、一輛豐田 Camry，以及一輛破舊的福特 F-150 皮卡車旁邊停下來，這裡的車大多都備好了零件，準備運去

西非。然後我來到一輛雪佛蘭 Equinox 休旅車前，駕駛座已完全塌陷，車頭想必是受到更大的衝擊已完全壓扁。我是在專門從事回收汽車廢料的家庭中長大的，以前生意好的時候，我們一天會銷毀六十輛車，許多車的狀況都比現在這台Equinox 更好。就我看來，這車應該送去報廢車回收場。我從車窗望進去，看到裡面果然沒有修理的零件。「真想知道這車要做什麼。」我對站在附近的羅賓說。

「也許他們想把它送去拆解。」

「零件比汽車本身還有價值。」蘇雷曼跟沃布走過來時說。「我有客戶。」

1994 年，美國政府要求汽車製造商在所有的汽車與貨車上安裝監視與控制廢氣排放的電腦。為了維護這些電腦以及其所連接的引擎部件，製造商創造了相應的軟體。立法者馬上就預見了可能出現的問題：製造商與其經銷商理論上可以利用此軟體，使獨立修車廠陷入不利的地位。因此，國會要求，有維修商需要該軟體時，製造商必須提供該軟體工具。考慮到接下來發生的狀況，這個做法很有遠見。

接下來二十五年，電腦在汽車的運作上越來越重要。今天，就連最便宜的汽車都有電子組件來控制引擎、自動排

檔、防鎖死煞車系統與定速巡航。可以想見的是，汽車製造
商一直試圖把相關的軟體診斷與工具保留在授權經銷商與服
務中心內，而使消費者深受其害。比如說，有些安全氣囊的
感應器故障後只能用製造商的軟體重新設定。如果獨立修車
廠沒有該軟體，車主就只能去找授權經銷商，或是讓安全氣
囊壞著不用。

　　汽車製造商並不是唯一試圖阻止產品被他方修理的產
業。同樣的做法在消費電子與電器產業也很常見。

　　讓我們想想看 Apple 的做法。

　　最近幾年，這間全球最大的消費電子產品製造商系統性
地導致 iPhone 失靈，只因為獨立維修店自行更換了 Home 鍵
（想像如果福特用遙控的方式使你的汽車引擎失靈，只因為
是當地的修車廠修好你的中控鎖，而非授權經銷商）[53]；控告
挪威一間獨立維修店使用二手的 iPhone 零件 [54]；用特殊的螺絲
密封其手機與電腦，至少有一陣子大多數的獨立維修店無法

53 Brignall, Miles. "'Error 53' Fury Mounts as Apple Software Update Threatens to Kill Your iPhone 6." Guardian, February 5, 2016. https://www.theguardian.com/money/2016/feb/05/error -53-apple-iphone-software-update-handset-worthless-third-party-repair.

54 Koebler, Jason. "Apple Sued an Independent iPhone Repair Shop Owner and Lost." Motherboard, April 13, 2018. https://motherboard.vice.com/en_us/article/a3yadk/apple-sued-an-independent-iphone-repair-shop-owner-and-lost.

拆開其產品。[55]

　　而這些還只是一次性的事件。Apple 基本上還拒絕把維修手冊或零件提供給獨立維修店與消費者（就算只是非常簡單的程序，例如更換 iPhone 的電池）。為什麼 Apple 要採取這些步驟？2019 年 1 月 2 日，Apple 的執行長提姆・庫克對 Apple 的投資人發表了一封公開信，十五年來首次預測公司的季度盈利會下降。其中一個原因是 iPhone 的銷售急遽下降，因為一千一百萬名 iPhone 用戶寧可選擇花 29 美元更換電池，而不願付出一大筆錢來更換新機。隨後，Apple 調漲了更換電池的價格，這個漲幅讓顧客開始疑惑：「換電池這麼貴，買一隻新的是不是更划算？」

　　Apple 這種抗拒修理（與更換電池）的做法會大幅提高擁有成本。有多少 Apple 產品被擱著沒拿去修？世界各地沒有天才吧或 Apple 授權維修中心的鄉鎮，有多少手機擺在抽屜裡沒被修理？而 Apple 停止提供授權維修中心必要的工具以修理更舊的產品時，壞掉的產品該怎麼辦？（這在購買舊款、二手設備的開發中國家是個特別棘手的問題）

---

55 Shaer, Matthew. "The Pentalobe Screws Saga: How Apple Locked Up Your iPhone 4." Christian Science Monitor, January 21, 2011. https://www.csmonitor.com/Technology/Horizons/2011/0121/The -Pentalobe-screws-saga-How-Apple-locked-up-your-iPhone-4.

　　如果今天消費者只是把手機、筆記型電腦等產品視為奢侈品，那這就只是「第一世界無病呻吟的小問題」。但是 21世紀是個人人互聯的時代，我們在日常生活中需要這些電子設備。而確保這些設備透過修理能夠使用更久，不只是出於環保而該做的事，也是出於常識而該採取的做法，就如同 19世紀保留鈕扣與繩子的持家之道。

　　羅賓・英格斯隆在阿肯色州的鄉間長大，教書的父親出身記者家庭，母親則出身「真正的鄉巴佬」家庭（他驕傲地說）。羅賓告訴我，從小時候開始，他的祖父就教他「怎麼修東西」，就從汽車開始。「他總是對我說，」他裝出更年老的聲音，「『這以後對你來說非常重要，年輕人，你要知道怎麼修東西。』」

　　在美國佛蒙特州米德柏瑞，我和羅賓坐在他的家庭辦公室裡。一個大觀景窗望向半英畝的綠色草地，再往後是一英里接一英里的森林。羅賓的妻子是米德柏瑞大學的法語教授，剛出門去上班，我們則正開始喝羅賓泡的第二杯黑咖啡。

　　我說他祖父的建議來自於一個不同的時代。他糾正我，說：「我覺得這建議是來自窮人。窮人修東西。我從小就學

會，最聰明的做法是買富人用壞的東西。」他說。「當富人
不知道修好某個東西有多簡單時，就是最好的生意。」

　　回收產業以及其不斷在人們認為不值錢的東西中尋找價
值的做法，對羅賓來說再合適不過了。大學畢業後，他曾在
和平工作團（Peace Corps）當志工，接著在一間小型回收公
司工作，最後成為麻薩諸塞州環保局的回收處主任。任職期
間，他被指派一項艱困的任務：建立回收作業的基礎建設，
以支援該州禁止將舊映像管電視與螢幕送去垃圾掩埋場的
禁令。他能夠完成這項工作，部分得仰賴那些購買二手電視
（從整台電視到零件）的回收商。「你只要看看他們付的價
錢，就知道二手電視有價值。」我們開車前往好主意回收公
司時他說。「它們不是垃圾。」最後大家都是贏家。麻薩諸
塞州政府省下了錢；修理產業得到零件與電視；消費者則因
為自己不要的東西被以最環保的方式「回收」再利用而感到
安心。

　　幾年後，羅賓辭去公職，跟著妻子來到米德柏瑞，成立
了好主意回收公司，收集美國的二手電腦螢幕（以及其他設
備），將之運到可以重新利用的地方。[56] 其中一個最大的市場

56《一噸垃圾值多少錢》第 6 章提到過的馬來西亞電視維修公司 Net Peripheral（現
　已結束營業）曾經是羅賓的主要客戶。

是中國。在一次造訪中，他得知中國有大量的工廠會將老舊的電腦螢幕重製成映像管電視，再外銷至新興市場。他說洛杉磯有一個經紀人「每天為中國的工廠購買五萬台美國二手電視」。最後，有許多翻新的螢幕會被視為新設備出口回美國，讓富人有機會以高價買回自己用壞的東西。

我們駛入一個綠樹成蔭的工業園區，停在一棟粗曠的混凝土建築前。工業園區裡除了有好主意回收公司，還有美國境內最大的蘋果酒釀造場。羅賓領我走入好主意回收公司。堆高機來來回回，把成箱成捆的金屬、電視與其他電子產品搬到拖車上。裡面很擠，滿是裝滿舊螢幕的洗衣機大紙箱與裝滿舊電腦的棧板。

我們四處看的時候，兩個攝影用的大反射傘閃了個光。資深員工伊萊亞斯·金吉拉正拿著相機對準他剛從一台 2017 年製 48 英吋三星電視取出的零件。「看起來砸得真徹底。」羅賓指著旁邊砸壞的螢幕。可能的前因後果是有人不小心讓螢幕摔到地上了，但是因為修理比買一個新的還要貴，所以這個人就把螢幕拿到當地的官方收集站回收了。在佛蒙特州，好主意回收公司跟政府簽訂合約，可以回收這些設備。不過在拿去回收前，好主意回收公司會先把裡面價值 25 美元的三星零件（這是批發店裡的粗略估值）取出來，放到

eBay 上賣。它大多數的顧客是北美的修理公司，但也運送到世界各地。

　　羅賓在回收這一行已經待很多年了，而且公司生意蒸蒸日上。「但是我們能夠繼續成長，沒有像其他電子回收商一樣倒閉，是因為我們還在 eBay 上賣零件。」大多數的回收競爭對手仍然把一台電視看成一套潛在的原料，羅賓則將之視為一套能讓其他電視繼續運作的零件。他並不是唯一這麼想的人。北美最大的電視零件公司 ShopJimmy 每天會拆解 1,000 ～ 1,500 台電視，並從這些拆解出的零件中賺取數千萬美元的收益。

　　拆開產品取出零件在修理的世界裡並不是一個新概念。就如同羅賓在薩瓦魯谷提醒過我的一樣，這是任何一個廢車回收場的副業（有時還是主業）。在世界各地，這常常還是要進行修理時最好的（有時甚至是唯一的）選擇。

　　有一點特別令人感到挫折（至少對樂見修理產業欣欣向榮的人來說），有些製造商會不遺餘力地嚇唬顧客，讓他們不要嘗試自己修理產品。比如說，絕大多數人都看過產品上貼著標籤警告消費者不要自己打開裝置，否則保固就會失效。

此刻，凱爾‧溫斯正從加州阿塔斯卡德羅的家出發，高速行駛在 101 公路的下坡路段（其實應該說是下山路段）。他就痛恨這種標籤，而最近幾年，他在讓大眾了解這種標籤其實不合法的路上，扮演了相當關鍵的角色。[57] 就凱爾看來，這根本就是公然違反基本財產權。「如果你買了一個東西，那你應該能夠自己決定要怎麼處理這個東西。」他幾乎是在大吼，雙眼一邊盯著路上的交通。「你應該有權利修理它，畢竟那是你的東西！」

凱爾三十五歲，有點孩子氣，他是愛維修公司（iFixit）的執行長兼共同創辦人。愛維修公司位於加州聖路易斯奧比斯波已經十六年，有一百七十多名員工，志在成為「所有東西的維修手冊」。

其商業模式獨一無二。愛維修公司（在一大群志願者的協助下）為沒有維修手冊的設備製作維修手冊，然後公布在其網站上，每個人都可以免費索取。在寫這本書的同時，該網站上有超過三萬八千份維修手冊（而且還在增加），涵蓋的產品從最新的三星 Galaxy Note 手機到歐樂 B Vitality 電動

---

57 1975 年《馬格努森－莫斯保固法》禁止製造商對其提供保固的設備施加維修限制。換句話說，如果街角維修店更換了破裂的螢幕，三星 Galaxy Note 的消費者不會失去保固。2018 年，美國聯邦貿易委員會甚至警告包括微軟、現代和索尼在內的多家公司，它們的「保固無效」貼紙是違法的。

牙刷不等。為了資助這份龐大的免費資訊，愛維修公司販售各種維修零件與工具，以及軟體與諮詢服務。2016 年，該公司的銷售額達 2,100 萬美元。

從某些方面看來，愛維修公司就猶如二十一世紀的莉迪亞‧瑪麗亞‧柴爾德與《節儉的美國家庭主婦》。就如同 19 世紀西部拓荒地帶的女性完全不知道該如何管理與修理東西，生活中充斥科技產品的現代美國人也一樣。「一個住家裡有多少東西？」凱爾邊問邊駛進聖路易斯奧比斯波。「一千件？一萬件？總之比五十年前多太多了。但是現代經濟不容許到處都有個當地的咖啡機維修師。所以顧客要不就得想辦法自己修理，要不就……」他聳聳肩。

凱爾對愛維修公司懷著遠大的抱負。「去年有超過一億人上我們的網站搜尋維修資訊，」他說，「我們估計，每寄出一套維修零件，就有一千到一萬個維修程序使用我們的維修手冊。而我們每年寄出幾十萬套維修零件。」他的目標是一年十億個維修程序。他推測，到了那個時候，愛維修公司衝擊美國經濟的程度就會跟家得寶（Home Depot）一樣大。「民眾知道他們可以去家得寶買到需要的建材，然後找到人向他們說明如何裝修浴室。家得寶改變了美國社會的結構，而這就是我們想達到的目標。我們想改變美國社會的結構，

使修理成為可行的選擇。」

　　為了達到這個目標，該公司不只是提供免費的維修手冊。它還塑造媒體。比如說，愛維修公司每年會把公司幾個最優秀的技術人員（有時候還包括凱爾）送去澳洲，以搶先全世界購買並拆開最新的 iPhone。等到 Apple 最大的市場美國進入 iPhone 的開賣日時，愛維修公司已經公布了一份製作精美的拆解手冊，並給予該裝置「可修復性評分」。到了開賣日的下午，世界上每一份重要的科技雜誌與許多主流媒體都已就該拆解手冊與可修復性評分進行了專題報導。

　　這些報導不只使得愛維修公司的知名度大幅提升（遠遠超出了一百七十多人的修理零件與工具公司的正常水平），還將「可修復性」的概念打入了主流媒體。

　　愛維修公司總部的室內環境，讓人完全感受不出這裡曾經是間汽車經銷門市，光滑的混凝土地板被一張張桌子與裝滿零件的箱子隔開，裸露的木頭柱子撐起二樓與一座寬闊的樓梯。凱爾帶我四處參觀，然後停在一張桌子前，桌上整整齊齊地疊著幾百個 iPhone 大小的盒子。每一個盒子裡都是一個全新的 iPhone 6 螢幕，才剛從一間專門對 iPhone 零件進行逆向工程的中國製造商運送過來。這些螢幕並非真

品，但是幾乎就跟真品一樣，而且更便宜（尤其是如果你想自己修理），是愛維修公司的暢銷商品。然而，在這些螢幕被上架成商品之前需要先測試：一個沒刮鬍子、戴著一頂黑色棒球帽的年輕男子打開每一個盒子，把螢幕裝到一支拆開的 iPhone 上，然後進行一套測試，確定螢幕可以用。大多數的螢幕都可以用。「我們想像自己是中國產品的品質篩選環節，」凱爾解釋說，「我們把東西買來，然後測試可不可以用。」

轉過一個轉角，是一間小倉庫，裡面擺滿了不同的零件、愛維修公司的工具組，還有用來進行簡單程序（像是更換電池）的工具與零件組。「我們這產業的關鍵是能夠取得零件，好的零件。」凱爾邊說邊停下腳步，打開一個盒子，裡面是為 iPhone 6s 更換電池的工具組。「有時候，有些零件我們剛開始買得到，然後就買不到了。Beats 耳機對我們來說是很好的商品，我們一度可以買到零件。然後 Apple 把它買下，我們就買不到零件了。」

就跟所有銷售商品的公司一樣，愛維修公司也花很多時間思考顧客想要什麼。有時候，答案既簡單又明顯。比如說，每個人都喜歡包裝漂亮的東西（就連愛維修公司的翻新零件也包裝得很漂亮）。但是要回答這個推動愛維修公司的

更大問題，就困難多了：消費者願意投資時間、金錢與精力延長產品的壽命嗎？如果答案是肯定的，那麼又是哪些產品？

答案絕非一成不變，愛維修公司需要分析從消費者調查到暢銷品排名等大量的數據。有時候，對一間致力擴大維修選擇的公司來說，這期間所出現的議題很不明朗。比如說，警告消費者不要把電視拆開的標籤，便是製造商很明顯（而且大概也不合法）的嘗試，企圖把消費者的心理導向它們期望的結果：根本不修理，或是送去授權的維修中心修理。同樣地，缺乏開口以便於更換電池的手機、只能以經銷商擁有的軟體進行診斷的汽車，以及售價 39.99 美元、由沒有網站、更別說故障排除說明的製造商所生產的平板電腦，都是一樣的狀況。在某種意義上，愛維修公司的角色，就是將消費者的心理轉換過來，讓消費者感到有能力控制自己的東西。

在愛維修公司一樓的一間小辦公室，凱爾給我看一個例子。在一個工作台上，有一個打開的愛維修公司工具組，旁邊還攤著好幾樣其他的工具。凱爾抓起一個橢圓形的螺絲頭。「我 2015 年被邀請去巴塞隆納設計週展示怎麼拆解產品。」他解釋說。該公司拆解 Apple 產品的過程受到大眾熱

愛，所以他常被邀請去展示拆解的過程。我就參加過幾場把
凱爾與他的拆解作為專題演講的回收研討會。

在巴塞隆納也一樣，主辦方為他準備好工具，台下有一
大群觀眾，期待他很快就能把某個產品拆開來。

「結果他們要我拆解的是一台咖啡機。」他回憶道。一
開始還很順利，但是到了中間他碰到一個鉚釘。「我請維修
人員給我電鑽把它取出來。」他說，然後笑起來。「然後我
發現那是一根螺絲，一種新型螺絲！」

誰會用一個看起來像鉚釘的螺絲？想必是個不想讓你轉
動螺絲的人。或者如凱爾所說的，那橢圓形的螺絲是設計用
來「打擊想自己修理產品的人，這根本就是刻意在促進使用
不便」。任何地方想要修理咖啡機的人都會遇到這個問題。
「所以我們就發明了這個螺絲起子。」他邊說邊把它放回工
具組裡。

這是一個改變消費者心理（或者更保守地說，推動咖啡
機修理產業）的做法。但是從凱爾的角度來看，愛維修公司
要成為家得寶，需要的不只是螺絲頭與免費的維修手冊。這
還需要某種社會轉變，而這種轉變只能由政府和負責替消費
型經濟製造出不可維修的產品的公司來推動。

這有可能嗎？

我們有理由相信有可能。

2012 年 7 月 31 日，麻薩諸塞州的立法機構通過一項法律，要求汽車製造商為獨立修車廠提供與授權經銷商及服務中心同樣的資訊與訓練。三個月後，麻薩諸塞州 86％的選民支持舉行全民公投，以對全國的汽車製造商提出同樣的要求。多年來以遊說與相關活動抵抗消費者與獨立修車廠的汽車製造商，領悟到他們站不住腳了，知道類似的規定馬上就會出現在全國各州。與其面對五十州不同的「維修權」法律，汽車製造產業決定與獨立修車廠及汽車零件製造商的代表協會談判協商。其結果是在 2014 年達成了一項全國性協議，要求二十三間主要汽車製造商讓任何擁有電腦的修車廠或車主使用其診斷與維修資訊系統（適用於 2002 年後出產的車輛）。

實際上，我們早就應該制定適用於消費電子與家電產品製造商的類似法規或協議，這會對世界各地家中越堆越多的雜物產生深遠的影響。儘管堆滿壞掉的吸塵器的地下室與擺滿壞掉的手機的抽屜並不一定會消失，但是民眾將沒有那麼多理由去囤積東西，因為產品可以更新、修理、再出售，政府也可以藉此間接地刺激二手市場。

　　比如說，我有一台 iPad Mini 2，是 2014 年買的。我每天在上面瀏覽新聞，偶爾查看體育賽事結果。五年來，它一直運作地很好。然而，有一個問題：用了幾年後，它在電池充電後幾乎撐不了 24 小時。但是，iPad 上顯然沒有電池蓋，整個外殼都封起來了。

　　我在網路上搜尋修理的方法時，發現 Apple 可能就是我在尋找的答案。早在 2010 年，該公司就對電池功能變差的 iPad 提供以下解決方式：

　　如果您的 iPad 因為電池蓄電能力變差而需要維修服務時，Apple 可為您更換您的 iPad，您只需要付一筆手續費即可。

　　換句話說，Apple 使更換 iPad 電池的過程如此困難與昂貴，連 Apple 自己都覺得換台新的 iPad 更划算。我在明尼蘇達州的明尼湯加造訪一間 Apple 直營店時，一個天才吧的維修人員證實這是 Apple 的一貫做法。他說，Apple 不更換 iPad 的電池；它會以 99 美元的優惠價把我的舊機收回去，給我一台全新或翻新的 iPad。Apple 大概猜想沒有多少消費者會真的想更換 iPad 的電池，所以不如就這樣舊機換新機。

　　但是，如果消費者無法輕易找到 Apple 直營店或少數授權維修中心，該怎麼辦呢？如果該顧客住在北達科他州的第七大城曼丹呢？那裡沒有 Apple 直營店。 Apple 為美國的顧客提供郵寄服務，但是等 iPad 寄到服務中心再寄回來，要等上好幾天。對國外顧客來說又更麻煩了。迦納薩瓦魯古居民買來的二手 iPad Mini 如果需要換電池，又該怎麼辦？

　　網路上沒有官方的 iPad Mini 維修手冊，不過愛維修公司有，甚至還販售一套工具協助消費者進行更換。但是更換的過程很棘手。首先會遇到的問題，就是 Apple 把 iPad 的外殼以黏合劑封起，只有透過反覆加熱（比如說用一袋在微波爐加熱過的米）才會鬆動，然後根據愛維修的維修手冊，策略性地放置六個吉他撥片有助於打開外殼，但整個過程要非常小心。

　　我跟凱爾提起 iPad Mini 的維修問題時，他嘆了口氣。「那是最麻煩的一種。如果不小心，你可能會把整台 iPad 弄壞。」這似乎是共識，我在尋找願意更換 iPad 電池的獨立維修店時就發現沒人肯幫我換。我也在目前居住的馬來西亞到處詢問，總算找到一間維修店願意試一試……但是維修費要價 150 美元；同時，在馬來西亞可以買到比這更便宜的二手 iPad Mini 2s。

　　給予消費者維修權的法律應該包含兩項關鍵規定。首先，必須要求製造商為其販售的所有產品提供拆解與維修的資訊，並且公布在網路上。再來，必須要求製造商將其提供給授權服務中心的相同零件與工具（包括軟體）販賣給消費者與獨立維修店（而且要以公平合理的價格）。

　　維修權法首先將確保有更多消費者能夠在居住地區取得維修服務，這不僅能降低維修成本，尤其是技術成本，還能鼓勵消費者找到延長產品壽命的方法。

　　但是更深遠的影響則在於產品設計。只要製造商不需要解釋其產品能否或如何修理，他們就沒有動機使產品更容易維修。但是如果有法律規定 Apple 或任何其他消費電子產品公司將維修零件與手冊提供給商店與大眾，它就有潛在動機去拓展其零件的銷路，而辦法就是使其產品更容易維修。

　　確保維修權的法律對低成本製造商（比如說，生產在 7-Eleven 販售的 39.99 美元平板電腦的廠商）甚至還有更深遠的影響。目前，沒有法律或動機能阻止他們把其無法修理、製作粗糙的產品傾銷到國外，尤其是在非洲這樣需要低成本科技的地方。但是如果該國有確保維修權的法律，他們就必須先為其產品打造售後服務計畫，包括零件批發與維修手冊。這項要求將在短期內催生更優質的產品。

實際上，這一切正在進行中。

在田納西州黎巴嫩 80 號州際公路旁，有棟隸屬於聯邦快遞供應鏈（FedEx Supply Chain）的大型建築物，該公司是快遞巨頭聯邦快遞（FedEx）的子公司，提供包括產品退貨與回收在內的商業服務。我在這裡與安卓亞・法爾金碰面，她是戴爾公司（Dell）北美環境事務與廠商責任部門的資深經理。她領我通過安檢，我們上了樓，來到一個雜亂無序、沒有窗戶的生產樓層，看起來有點像機械化的山姆會員商店（Sam's Club）[58]，只是架子更高、輸送帶更多，工作流程也更複雜。聯邦快遞就是在這裡接收從世界各地退回的戴爾產品；評估其是否可維修、翻新、再出售；然後再次出貨。「一天幾千個產品。」她告訴我。「我們的理念是再利用。當聯邦快遞再利用我們的產品，就會得到經濟層面的獎勵，如果把產品隨意銷毀則會有相應的懲罰。」

戴爾公司並不是為了好玩才這麼做。當一個電子產品抵達黎巴嫩時，損失就已經造成了。某個消費者將它買下，接著出於產品缺陷或改變主意等各種理由不想要了。戴爾公司想要盡可能提取出剩餘價值的話，就需要聯邦快遞選擇再利

---

58 沃爾瑪旗下的倉儲式商店。

用，而不是送去回收。

安卓亞停在工廠樓層的邊緣。「那是我們的零件庫存。」她指向一個兩層樓高的區域，占了整個樓層的一部分，裡面的存貨在我參觀期間總值 2,100 萬美元。「如果你擁有戴爾公司的產品，但是保固已過期，維修的零件就是從這裡來的，你可以上網訂購。」她解釋道。這些零件部分來自世界各地的電腦。如果電腦再也無法維修，就會被拆解成許多零件，再將它們分類保存，直到有人需要這些零件。只要有信用卡與收件地址，任何人都可以取得戴爾公司的零件（維修手冊則能夠免費在網路上取得）。

其實，安卓亞比大多數人更了解電腦零件。她在加入戴爾公司環境部以前，曾經是參與設計戴爾電腦的工程師。敘述起這段職業生涯時（她還記得自己曾在中國南方的飯店裡檢查戴爾公司正式投入生產前的測試零件），她經常露出微笑，尤其是碰到她當初參與設計的產品時（她把它們稱為「我的孩子」）。

在這裡，她經常碰到自己的孩子。一度，她停下來指向一台戴爾桌上型電腦，認出機型是「2005 或 2006 年款，我們當時因為這一點爭執不下」。她把手指伸到一個閂扣下，抬起電腦外殼的一端。「你不能只為男性的手打造電腦，也

得考慮到女性，那樣才是有包容性的設計。」她邊說邊把外殼放回去。「戴爾公司的工程師老愛開玩笑說，你得先把一個我們現有的產品拆開來，才能開始設計一個產品。」我沒聽懂她的笑話，但是我懂她的意思，就如同她強調的那樣，「把產品拆開來，你就會生出新的疑問。還有比這更好的方法嗎？」

聯邦快遞毫無疑問希望有更好的方法。它有經濟上的動機去修理與翻新電子產品，而且越多越好、越快越好。要做到這一點，戴爾公司採取了一套設計原則，使產品更容易拆開來。比如說，只要有可能，戴爾公司就採用螺絲來固定產品外殼，而不使用黏膠或其他黏合劑。用黏膠黏起的產品不易打開，而且常在打開的過程中損壞；螺絲則只要轉開就好了。

戴爾公司的產品變得更容易修理，受益的不只有聯邦快遞，還有戴爾公司的顧客，因為他們可以自己修理產品，不需要送到授權的服務中心。在這些顧客當中，最重要的是企業，許多企業會一次購買數千台電子設備，它們在評估採購條件時，都會將企業內部資訊技術部門能否自行維修產品納入考慮。如果因為產品設計不佳造成維修費用高昂，競爭對手就有機會推銷維修更容易、整體擁有成本更低的電腦。

　　參觀接近尾聲時，安卓亞停在一個棧板旁，上面堆了大概五十台舊的戴爾桌上型電腦。「這都是租約到期的電腦，現在退回給戴爾公司。」她解釋說。「戴爾公司靠出租這些電腦賺錢，租期大約一到三年。現在是時候賺更多錢了。我們以棧板為單位賣出。」

　　「誰會買？」我問。

　　「需要大量採購電腦的人，」她聳聳肩說，「可能會運到國外，可能會給新創企業，可能會給國外的新創企業。」她示意我跟她走到出口。「我們以前都是把它們銷毀，但現在不銷毀了。」

　　戴爾公司看到了二手市場的潛力，於是開始設計更持久耐用的產品，因為這麼做能夠帶來利潤。維修權可以鼓勵對二手市場沒興趣的公司重新考慮經營方針，甚至有望採用戴爾公司的做法。如果不這麼做，就會落後其他致力於從產品的第二生命中獲利的競爭對手。

　　這樣的未來正在加速成為現實，甚至比許多消費性電子產品公司預期的更快。自 2019 年起，美國有超過二十州考慮制定維修權法（不出所料，Apple 跟許多領先的消費電子產品公司強烈反對）。凱爾・溫斯相信維修權法遲早會通

過，而消費電子產業會爭相達成和解，就如同當年汽車製造商在麻薩諸塞州的法律通過後所做的那樣。歐洲在這一方面甚至更進步，有好幾個歐洲政府（包括德國）與歐洲執委會早已正式接受維修權立法背後的原則。在未來幾年，歐洲就會使之成為法律。不久之後，這些法律會推動二手市場，讓二手市場充滿狀態良好、能夠重複出售的商品。

第十二章
更多行李箱

▼

　　因為從來沒看過某種人做某種事，而無法想像這種人能做這種事，不僅是罪惡，還是種奢侈。失敗的想像力終將造成市場效率低下：如果你光憑外表斷定整個階層的人都無法從事某份工作，就不太可能為這份工作找到最合適的人選。

——麥可‧路易士，《魔球》

　　從迦納首都阿克拉往東延伸的海岸公路，被海灘上飄來的沙子與灰塵染成了棕黃色。公路兩旁的小棚屋與小店舖生意很好，其中有些販售食物的商店（我看到遮陽棚和屋頂上掛著魚乾或形狀像魚的廣告牌），但是到目前為止，這段繁忙的公路上最主要的生意是二手交易。舊輪胎堆成一座座的高塔；洗衣機形成一條條銀白色的長線；辦公椅、皮沙發與陳列櫃擺在路邊，招引行人。

　　再往東，是全球幾個最大、最繁榮的二手市場。在多哥，洛梅的二手鞋市場很出名；在貝南，柯多努的二手車市

場聲名遠播；奈及利亞則是非洲最大的二手市場。但是在繼續前往這些地方之前，旅客必須穿越從迦納第一大港口特馬前方長達數英里的卡車車陣。

此刻，我和羅賓・英格斯隆坐在轎車後座，沃布・歐德伊・穆罕默德坐在駕駛座，與沃布合作的清關代理萊蒂西亞坐在副駕駛座。「你們不能帶相機到港口，」車子左轉駛進金禧碼頭時，沃布告訴我們，「港口的官員不喜歡。」

在我們的右邊，有一個圍起來的貨櫃場，裡面有好幾百個貨櫃，每四到五個堆疊在一起，全都是空的，正等著裝入貨物。再往後，高聳的起重機緩緩地把載滿貨物的貨櫃從一艘剛抵達的船上卸下來。我們停好車後，走進一間辦公室，繳了相當於 60 美分的入場費，接著進入貨櫃場，沃布就是在這裡接收他在新英格蘭購買與裝運的貨物。

「這裡有一半的貨物都是二手商品。」我們穿越貨櫃場的大門時，萊蒂西亞說。「這是這裡最大宗的生意。」她指的不只是特馬。在迦納，二手商品比新產品更普遍，二手產品零售商比新產品零售商還要多。在沃布的家鄉、迦納第三大城市塔馬利，兩者的比例甚至高達 100：1。

基於幾個原因，政府的統計數字無法如實記錄這個現象。首先，大多數的交易都是「非官方交易」，以現金或以

物易物進行，難以追蹤。再來，沒有幾個開發中國家有資源去收集與公布二手物品的相關數據。政府在尋求投資者時的關鍵指標是工廠的訂單數量，而不是二手電視的進口數字，儘管後者更能說明實際狀況。

　　沃布跟萊蒂西亞領我與羅賓走進金禧碼頭時，這項貿易的規模在我們眼前展開。據我的計算，這裡至少有六百個貨櫃，一路延伸到好幾百英尺遠。好幾十個貨櫃是開著的，有人正在卸貨。「這些人通常也是進口貨物的人。」沃布說。我看到遠處有兩組港口官員手上拿著寫字板與筆。他們檢視每個貨櫃的內容，評估應該收取多少關稅。關稅有可能非常高。沃布告訴我，一個裝滿螢幕、電視與電腦的貨櫃，要繳的關稅大概介於 7,000 ～ 8,000 美元；此外，採購這些產品要好幾千美元，而從佛蒙特州運到阿克拉的運費約為 5,000 美元。

　　如果迦納人不這麼渴望二手電視，也沒意願付錢買二手電視，對沃布與上千名為非洲大陸買進大多數電子產品的西非企業家來說，這樣的出口貿易根本就是賠本生意。自 2019 年起，沃布出口的電子產品，平均每一貨櫃（比如，他下一個貨櫃裡有四百台螢幕、一千兩百台筆記型電腦與一百二十台 iMac）的金屬與塑膠回收價值約為 2,000 美元，此外還要

減去取出那些金屬與塑膠所需的精力與時間，以及跟羅賓買下這些商品的上千美元。相比之下，沃布付錢請個新英格蘭的回收商回收貨櫃裡的產品還比較便宜。幸好，迦納人願意支付高價購買進口的二手商品。比起大多進口至迦納的新產品，二手商品更耐用、更便宜。沃布開車載我們參觀他的家鄉塔馬利時，經常指出哪家醫院、哪間學校、哪間銀行 、哪些人在使用他進口的電腦。他們都想買持久耐用的產品。

　　沃布不是唯一把品質優良的二手商品進口至迦納的人。2011 年，包括聯合國環境署在內的幾間研究機構，贊助了迦納的電子廢棄物狀況調查（截至 2019 年，同類的調查只有這一項）。[59] 他們調查了抵達特馬的電子產品，發現其中60％ 還可以運作，20％ 經過修理與翻新後可以繼續運作（幸好迦納有幾千家像艾伯拉姆‧阿爾哈桑在薩瓦魯古那樣的維修店），剩下的 20％ 無法使用，只能丟棄（但是會先拆解取出可以再利用的零件）。

　　只要能取得商品，這是很好的生意。沃布說，迦納人所渴求的高品質筆記型電腦與桌上型電腦最近幾年在國外越來

---

59 Amoyaw-Osei, Yaw, Obed Opuku Agyekum, John A. Pwamang, Esther Mueller, Raphael Fasko, and Mathias Schluep. "Ghanae-Waste Country Assessment." Secretariat of the Basel Convention, March 2011. https://www.basel.int/Portals/4/Basel%20Convention/docs/eWaste/E-wasteAssessmentGhana.pdf.

越難買到了，因為美國與歐洲的回收計畫開始把更多能夠再利用的材料回收製成原料了。「如果我有一批筆記型電腦運來特馬，」他說，「貨櫃場的人全會衝過來，想跟我買。我們這裡就是有這麼大的需求。」

　　人們渴望的不只是二手電子產品。我們經過的第一個貨櫃裡就裝有下列商品：十二台電視、四個汽車保險桿、一打兒童腳踏車、兩個幼兒汽車座椅、一個舊的丙烷發電機，還有一張 La-Z-Boy 沙發躺椅。旁邊一個貨櫃裡則裝有四張沙發、一個嬰兒床、十六台電視、五座大型立體聲音響、一台跑步機，還有好幾個未開封的箱子。我們走在貨櫃場時，保守估計至少有二十幾個貨櫃正在接受檢查。與此同時，還有好幾百個貨櫃正從船上卸下來。

一個典型的特馬小攤，販賣各種進口的二手商品，包括冰箱、立體聲音響與 DVD 播放器。

　　離開金禧碼頭後，我們在貨櫃場外轉了一圈。沿路上，帳篷與攤位沿著街道兩旁展開，全都擺滿了剛從貨櫃卸下來的二手商品。這裡的攤位販售各式各樣的商品，從二手冰箱、二手辦公椅、二手腳踏車到二手衣，再到二手電視、二手電腦與其他電子產品，應有盡有。

　　這是一項值得讚揚的貿易。這是某個地方的某個人珍惜舊物的證明。從環保的角度來看，這是工業規模的循環再利用，是真正實現綠色經濟。更棒的是，它並不需要透過法條或規範來催生。全球化的二手貿易是自然發展出來的，將擁有東西與缺乏東西的人連結起來。就連善意企業與綠色和平組織也不可能設計出比這更好的系統。

　　那麼，當我向大學或回收研討會的觀眾展示一張非洲男性和女性站在拆開的電腦、電視或成綑二手衣旁的圖像時（我真的如此做過），為什麼他們對傾銷到非洲的電子廢棄物感到反感呢？為什麼他們從沒想過像沃布這樣的非洲企業家是在進口這些商品，賣給西非各地渴望使用科技產品的人們呢？

　　更持久耐用、可以維修的產品是推動二手產業未來的關鍵。如果擁有更持久耐用的產品的富人不願意把這些東西賣給特定階層的人，比如西非人，那麼也沒有必要製造更持久

耐用、可以維修的產品了。製造商不如生產只能給物品最初的主人使用、隨後就會自動銷毀的產品。

　　沃布不在特馬販賣他的電子產品。他會把貨櫃運到往北400 英里的塔馬利（運費 1,200 美元）。在塔馬利，他把產品分給不同的客戶，包括阿克拉布基電腦（Bugi Computers）的史帝夫‧艾迪森，他會飛去塔馬利取貨，然後支付卡車費用，將貨物運回阿克拉。

　　2015 年，我第一次見到史帝夫時，布基電腦只是奧蘇牛津街頭的一間小店；奧蘇是阿克拉的文化與商業中心，這裡有繁榮的居住區與商業區。當時，和現在一樣，店內兩側排列著展示櫃，櫃子裡擺滿了二手電腦和一些配件；走進去三分之二處是櫃台，櫃台後方則是維修店。那時的史帝夫就很真誠，但看起來有些害羞。他工作時會穿著白色的實驗衣，大部分時間都躲在後頭，為筆記型電腦與桌上型電腦進行繁複的維修工作。有顧客上門時，他似乎等不及可以再回去修理東西。

　　如今，布基電腦在奧蘇有三間店，史帝夫身上的實驗衣換成了時尚的貼身襯衫，展現出他鍛鍊過的好體格。我跟沃布、羅賓、沃布的表弟烏魯‧歐加（他為沃布工作）來到

店裡時，史帝夫和我們握手、拍背，還說了些有趣的話。迦納是全球經濟成長前幾快的國家，其首都阿克拉是年輕人的聚集地，他們渴望擁有科技產品，而二手商品（以及布基電腦）正是這一切的基礎。

沃布與史帝夫走到一旁去談生意，於是羅賓跟我一起瀏覽店內的商品。羅賓認出幾台二手 iMac 是他賣給沃布的，還指出來給我看。稍後，他朝上鎖的陳列櫃與幾支全新未拆封的 Nokia 手機點了點頭。「史帝夫店裡會有越來越多新產品，」他預測，「大概還要一段時間，但是每個開發中國家的趨勢就是如此。有一天，這裡會變成一間百思買電器連鎖店。」

但不會這麼快實現。「迦納人不想要中國的新電腦，」沃布加入我們，「如果你讓他們在一台中國製的新筆記型電腦與一台使用過三年的美國二手筆記型電腦之間選擇，他們一定會選美國的二手電腦。他們知道二手電腦才耐用。」說完，沃布請羅賓給史帝夫看好主意回收公司在米德柏瑞所建立的二手電腦零件資料庫；他們等不及要展開零件出口生意了。我已經聽過這套推銷內容，於是我走出去，來到了布基電腦旁邊的泥土路。泥土路上有個小棚子，門內有兩個穿著實驗衣的年輕人。他們都是史帝夫的技術人員，其中一個正

在把一個筆記型電腦壞掉的螢幕拆下來,那是顧客剛才回售給史帝夫的電腦。工作區的架子上方擺著幾十台筆記型電腦,這位技術人員會把其中一台的螢幕拆下來,再裝到那一台上。

音樂從街道的某處傳來,油炸小吃的香味從反方向撲鼻而來。行人來來往往,邊走邊用功能型手機聊天,輕鬆地享受這傍晚時分。這是阿克拉最美好的時刻。

在這當中,一個二十多歲的年輕小夥子在街上慢慢拉著一個餐桌大小的木推車。木推車有特製的鋼製懸吊系統與四個大車輪。推車上有幾塊生鏽的板金、一個 L 型大鐵架、一台破舊的錄影機、一台大型映像管電視,還有幾個桌上型電腦的鐵製外殼。我靠過去,看到推車的表面還散落著幾個電腦主機板。推車和裡面的東西重量加起來應該有好幾百磅,年輕小夥子的巴爾的摩烏鴉隊 T 恤都被汗水浸濕了。

在這個遼闊的丘陵城市,有幾百甚至幾千個年輕人和他一樣拉著木推車走在街上,和這城市裡正在成長的中產階級與公司買下他們不要的廢物(生鏽的雨水槽、壞掉的電視、故障的筆記型電腦)。這些拉著手推車的人大多從黎明工作到黃昏,走上好幾英里的路,收集可以再利用或回收的物品,然後再出售這些東西來謀生。

「我以前也做過這一行。」

我沒注意到沃布的表弟烏魯・歐加正站在我身後。我回頭對著他說：「真的嗎？」

「真的，我畢業後離開了塔馬利，搬到了阿克拉，然後又去了海岸角，」他用柔軟、低沉的聲音回答，「我做過收集廢品的工作。我需要賺錢。我們會走到各地，什麼東西都收。」

烏魯大約三十五歲、個子高大、穿著時尚。他在塔馬利有妻小，為了家人，用他自己的話說，他「總是在招攬生意」，忙著賺錢。我無法想像他拉著推車走在阿克拉的街頭。不過那是我問題，不是他的。「那是怎麼樣的生活？」

「我當時跟我的兄弟一起工作，還過得去吧。」他聳聳肩，對我露出一個讓人放下疑慮的微笑。

傍晚時分，影子拉得越來越長，羅賓和我下了計程車，來到一個塵土飛揚的停車場。對街，是《衛報》稱作「世界最大的數位垃圾場」[60]，加拿大廣播公司稱為「世上最大的

---

60 Adjei, Asare. "Life in Sodom and Gomorrah: The World's Largest Digital Dump." Guardian, April 29, 2014. https://www.theguardian.com/global-development-professionals-network/2014/apr/29/agbogbloshie-accra-ghana-largest-ewaste-dump.

電子廢物傾倒場」[61]，半島電視台稱呼「全球最大的電子垃圾場」[62]，美國公共廣播電視的《前線》則宣稱此處是每年「數億噸」電子垃圾的最終目的地 [63]（這並不正確；如果屬實的話，這個數量至少比全球每年產生的廢棄電腦、電話和電視機多五倍）。其他的新聞媒體、環保組織與政府部門也一直重複引用同樣的數據，將它們轉變為錯誤的共識。

　　沒有任何地方比阿格博格布洛謝（Agbogbloshie）更能描繪出西方人對全球二手貿易的定義。如果你讀到「非洲二手電腦」這幾個字時馬上浮現年輕的黑人站在焚燒電子產品的煙霧旁，你大概就是想到了阿格博格布洛謝。如果「電子垃圾」幾個字讓你感到憤慨，因為你數年前看了一部紀錄片或讀了一篇報導，那麼該報導很有可能多多少少都和阿格博格布洛謝有關。

　　這個曾被《時代雜誌》列入地球上前十大汙染最嚴重的地方。耐人尋味的是，從對街的停車場看過去，感覺並不像

---

61 CBC Radio. "The World's Largest e-Waste Dump Is Also Home to a Vibrant Community." CBC Radio, November 3, 2018. https://www.cbc.ca/radio/spark/412-1.4887497/the-world-s-largest-e-waste-dump-is-also-home-to-a-vibrant-community-1.4887509.

62 McElvaney, Kevin. "Ghana's e-Waste Magnet." Al Jazeera, February 12, 2014. https://www.aljazeera.com/gallery/2014/2/12/ghanas-e-waste-magnet.

63 Frontline. "Ghana: Digital Dumping Ground." PBS, June 23, 2009. https://www.pbs.org/frontlineworld/stories/ghana804.

報章媒體說的那麼誇張。相反地，我看到了出名的山藥市場旁邊的木屋裡堆著山藥與紅洋蔥，還看到了滿載著更多山藥的柴油卡車在擁擠的車陣中緩緩前進。除了山藥，阿格博格布洛謝引人注目的還有一個能把迦納人送到西非各地的公車站、一間百事可樂裝瓶廠、一個肉品市場、幾間銀行、幾十間二手電腦店、二手車經銷商，以及一間由迦納影響力最大的牧師所看管的教堂。迦納正處於乾季，這裡到處都塵土飛揚，還有一陣陣嗆鼻的煙霧從山藥市場的另一側飄來。

我們避開缺乏耐心且易怒的計程車、上下搖晃的山藥卡車，以及兩位頭上頂著山藥、對周圍的喧囂無動於衷的女子，快步過到了對街。在賣洋蔥的攤販之間，三個混凝土大石塊隔出了一條車道，車道沒多久就變成一條小泥路，沿著斜坡再往前就是煙霧的來源。我們走進去時和一個拉著木推車的年輕人擦身而過，他的推車上有六台桌上型電腦。

我們走上小泥路時，烏魯說：「啊，一開始拉推車實在好累。我一大早就得出門，然後得走遍阿克拉尋找廢品，無論是廢金屬或廢電腦都好，然後拿到這裡賣。」

隨著小泥路變寬，烏魯口中的「這裡」在我們眼前展開，約有 650 英尺長，1,450 英尺寬（有些報導說這地方還更大，其實似乎是把毗鄰的市區垃圾場誤認為廢料場的一部分

了）。由此看來，這根本稱不上世界上最大的任何東西，更別說是「最大的數位垃圾場」了。中國、歐洲與北美還有比這更大的回收場，我個人都很熟悉。

看看數據，一切就很明顯了。

根據現有的最新數據，迦納於 2011 年進口了 21.5 萬公噸的二手電子產品。我們就假設接下來十年這數字成長為三倍（不太可能，但我們先這樣假設），達到 64.5 萬公噸。與此同時，聯合國估計全世界每年製造出 4,470 萬公噸的電子廢棄物。如果這數字正確，就表示迦納進口的電子廢棄物還不到全世界電子廢棄物的 1.5％，甚至很有可能還遠遠少於這個數字。

阿格博格布洛謝的廢料場

　　儘管如此，阿格博格布洛謝並不是一個多宜人的地方。在我們的右邊有一片滿是垃圾的區域，報廢的汽車、廂型車、卡車與公車混亂地堆疊起來，等著被拆成零件拿去再利用或回收。這不是巧合，阿格博格布洛謝就是回收汽車與販賣其零件的地方；其實從 1990 年代初期開始，這就是此地最主要的生意。[64] 阿格博格布洛謝有大約五百位工人（許多人將此地稱為「家」），他們擠在泥土地的攤位上，通常都在處理油膩的汽車零件，有車軸，也有引擎。其他的工人則用手動工具拆解整輛汽車。沒有人擔憂環保的問題：油跟其他液體滲入土壤與附近的柯勒潟湖。更沒有人擔憂健康問題：安全設備不存在，空氣裡瀰漫著塑膠燃燒的氣味。

　　當然，阿格博格布洛謝不只有報廢汽車。我們經過一個電視的塑膠外殼、一堆十到二十個桌上型電腦外殼、一堆電路板、好幾堆桌上型電腦的金屬外殼、堆成一座小山的生鏽廢鐵、一小堆還未乾的油漆罐、一團從燒毀的輪胎中取出的橡膠外殼金屬線，以及三台大型的變壓器（大概來自當地的公共設施），裡面有毒的油液正滲漏到土地上。那附近有兩個男人，一個正在用螺絲起子撬起電路板中的微處理器，另

---

64 Akese, Grace A., and Peter C. Little. "Electronic Waste and the Environmental Justice Challenge in Agbogbloshie." Environmental Justice 11, no. 2 (2018): 77–83.

一個則在用槌子拆解鋁製的窗框。根據在這裡工作的人們的說法，這裡每天會回收三十到五十台電視。

「這裡的廢品有從特馬來的嗎？」我問烏魯。

「特馬？」他問。

「對，就是那個港口，有人把東西從特馬帶來這裡丟嗎？」

「噢，沒有，太遠了。」他回答道（特馬距離這裡 20英里）。「這裡的東西都是阿克拉的居民丟掉的。特馬貨櫃裡的東西相當珍貴，丟到阿格博格布洛謝太可惜了。」

「真的？」

他笑起來。「我在這裡謀生的時候，我們想要特馬的東西，因為可以賺大錢，但是我們只能在附近收廢品。」

阿克拉任何一個計程車司機都會樂於解釋，阿格博格布洛謝是迦納人把東西用到無法再使用或修理後會送去的地方（有些還會告訴你這裡是可以把偷來的東西賣掉的地方）。其實，大部分來到阿格博格布洛謝的廢品都是進口到迦納的二手商品，然後被使用、修理、再使用，往往長達幾十年。僅存的少量數據也支持這個理論：根據一項針對西非電子廢棄物所進行的調查，迦納有高達 85％ 的二手電子產品是在迦納本地生產的，其來源是在迦納所購買的新產品或二手商

品，或者是進口自國外尚可運作或修理的二手商品。[65] 對阿
克拉居民來說太舊的電腦跟電視會賣到更小的鄉鎮，被用上
幾年，甚至幾十年（艾伯拉姆‧阿爾哈桑並不是迦納唯一會
修理用了二十五的電視的修理師）。

　　這資訊並不難找到。它可以在網路上找到，也可以從計
程車司機口中得知。然而，十幾年來，記者並沒有提出這些
問題或試著找出答案。為什麼？我沒有資格質疑其他記者的
動機，我只知道（基於與其他記者的談話）許多記者被派去
阿格博格布洛謝，是因為編輯希望能夠複製《衛報》或英國
廣播公司的報導。尤其是對歐洲人來說，飛去迦納不遠，也
不太貴，阿格博格布洛謝也很容易抵達。儘管如此，這樣一
趟報導之行仍是投資，而沒有多少記者（尤其是電視記者）
願意冒險打電話給編輯說：「順便一提，主流媒體錯了，阿
格博格布洛謝其實是個廢車回收場。」

　　請容我澄清一下，我並不是在為阿格博格布洛謝辯解。
我在回收產業中長大，並以記者的身分報導回收產業多年，
所以我可以很有把握地說，在此地所進行的每個步驟，都有

---

65 Mathias Schluep, Andreas Manhart, Oladele Osibanjo, David Rochat, Nancy Isarin, and
　Esther Mueller. "Where Are WEEE in Africa? Findings from the Basel Convention E-Waste
　Africa Programme." Secretariat of the Basel Convention, December 2011.

更安全與更乾淨的方式。阿格博格布洛謝此刻的狀況對環境與健康都會造成非常嚴重的後果（走在阿格博格布洛謝時，經常可以聽到猛烈的咳嗽聲）。

但我們不應該只透過這個角度理解阿格博格布洛謝。我們應該用更寬廣的角度，看見整個西非，包括阿克拉新興的中產階級、無數的二手商店與特馬港口，並從混亂中看見希望。在這個景象中，阿格博格布洛謝這個擁有四萬人口的貧民窟逐漸走出貧困與汙染，同時也實行著完美的循環經濟，讓東西一再被重複使用，甚至以翻新品的身分再次回到非洲中產階級的生活當中；實際上，就連富裕的國家都未曾達到這樣的程度。

我們只需要主動去尋找，就能看到這樣的景象。

從廢料場走出來後右轉、穿過天橋，就會看到有人在販售由廢料場的廢品所製成的商品，像是廢鋁製成的鋁鍋與爐子、廢鋼或廢鐵製成的烤肉架、廢棄的變壓器製成的新變壓器，一個又一個的攤子在販售翻新的汽車零件；一間又一間的商店在修理電腦，並用舊電腦拆下的零件製出「新」電腦。這些是「三手市場」，相當於超級低檔的布基電腦與二手市場。它們之所以存在，正是因為有人從更富裕的國家進口二手商品，然後這些東西在迦納一再被循環利用，最後來

到此處。

「你在這裡工作的時候，阿克拉有多少人在拉推車？」

「太多了。我們都在尋找同樣的東西，這些電腦就是這樣來到這裡的。我們會向公司或家庭買下這些東西。」

拉了一年的推車後，烏魯有機會更上一層樓。一個表哥（不是沃布）與一位有意將迦納的電路板買下運回中國回收的中國商人簽訂了合約（中國的二手電路板市場比迦納還要大）。於是烏魯丟下推車，跳上機車，開始在阿克拉各處向以前一起拉推車的人買電子產品。他也收集電腦賣給阿格博格布洛謝附近的維修店，這些維修店把電腦修好後會再次轉售出去，如果修不好，他們就取出零件，用這些零件再組裝出新機器。即便到了今天，阿格博格布洛謝的「翻修」產品對學生、商人與烏魯口中的「普通人」來說，都是熱門又實惠的科技產品。只有無法修理的零件（在迦納有很多技術嫻熟的人會修電路板）才會送去中國或奈及利亞回收。很快地，烏魯就賺到足夠的錢，還買了自己的房子。

我們從廢料區走到一個毗鄰垃圾掩埋場的開放空間。這裡的面積大約只占整個阿格博格布洛謝的 20%，卻是 99% 相關報導、照片與影片所指的地方。這裡滿地都是垃圾，我踩在上面時還嘎吱作響。幾百英尺遠的地方，有二十幾個人

站在三團濃煙密布、刺鼻難聞的火堆旁，燃燒物釋放的有毒黑煙飄向整個阿格博格布洛謝的上空。他們有兩群人，較大的那群大概有十幾個人，是阿格博格布洛謝的廢料工人與貿易商，帶來了每十磅捲成一大綑的絕緣金屬線，大多是從汽車上取出的。想要把這些金屬線賣出去，他們得先把絕緣的外殼燒掉。於是他們僱用另外那一小群人在火堆旁做這項工作。阿格博格布洛謝每天能賣出好幾百磅處理過的金屬銅線，伴隨而來的就是有毒的煙霧。

離火堆約 100 英尺處有一間小木屋。這小木屋有點像是燒火工人的會所，烏魯與沃布自信十足地走過去（他們跟燒火工人出身同一個部落）。身材魁梧的艾瓦‧穆罕默德是這群人的領班，在北部有家室，也有其他的就業機會，但是他喜歡這裡的工作。他在這裡是老闆，而且說實話，我覺得他很樂於擔任阿格博格布洛謝的「門面」。每當有攝影記者造訪此地，經常就會照他站在火焰旁邊（如果你看過非洲男人燃燒電線的照片，上面那個人很有可能就是艾瓦）。如果攝影記者給他足夠的小費，他還會多澆一點油到火堆上，讓火焰看起來更誇張，或是不顧自己的安全在頭上揮舞一個燃燒的輪胎，或者至少確保他的燒火工人都在場。這些全都是英國搖滾樂團 Placebo 2017 年在此地拍攝影片時所得到的

服務，而影片製作人的確得到了他們付錢想要達到的效果。
Placebo 在社群媒體上宣傳這支影片時稱「拍攝於世界最大的
電子垃圾場阿格博格布洛謝」。

　　接下來幾年，自從阿格博格布洛謝被歐洲與美國環保人
士與記者「發現」之後，這個地方被不同的媒體報導了上百
次。我讀過或看過大多數的報導，發現它們有幾個共通點：
火堆、無名的年輕黑人、「原始的回收方式」、還有宣稱阿
格博格布洛謝是「世界上最大的」某某地方。沒有幾篇報導
包含了任何數據，更別說「修理」的畫面了。根本沒有人去
訪談阿格博格布洛謝附近的維修產業。這些片面的報導所隱
含的假設是：除了焚燒，迦納人沒有能力處理國外的科技產
品。他們完全沒看到阿格博格布洛謝與迦納各地的電腦維修
店。在許多例子裡，他們也完全沒領悟到，在處理物品這
塊，已開發國家還可以跟開發中國家學習。

　　這些片面的報導相當有破壞性，不只會對大眾造成影
響，也會對二手商、消費者、研究人員與政策制定者造成衝
擊。如果你把沃布介紹給美國政府官員認識（我看過羅賓這
麼做），提及他是二手電子產品商，馬上就可以感受到對方
先入為主的態度。「嗯，這方面有很多紀錄片。」我聽過政

府官員如此對羅賓說，彷彿沃布根本不在場，儘管沃布就站在旁邊。之後沒有一句話是直接對迦納商人沃布說的。所有的問題都只對著羅賓提出，因為羅賓是跟迦納人做生意的白人。

這種偏見會妨礙人們看到真相。比如說，2017 年，全球知名、研究與促進維修與再利用政策的英國慈善機構艾倫・麥克亞瑟基金會公布了《新紡織經濟：重新設計時尚未來》[66]，這份 148 頁的報告，提出各種使衣服更耐穿、重複使用率更高、回收更容易的做法。之後全球媒體爭相對其進行報導（尤其是英國高檔時裝設計師史黛拉・麥卡特尼在其中的貢獻）。然而，儘管非洲，尤其是東非，是世界上最大的二手服飾市場，該報告只草草提及非洲四次，也沒有納入任何非洲作者或撰稿人。任何讀者很容易就能得出一個結論：（從艾倫・麥克亞瑟基金會的角度來看）非洲的二手服飾貿易商與消費者沒有任何值得借鑑的地方，對於服飾的未來也沒有任何有意義的貢獻。這不僅違背現實，還有些偏執。

2008 年夏季，綠色和平組織英國分會的一位員工，以

---

66 Ellen MacArthur Foundation. A New Textiles Economy: Redesigning Fashion's Future, 2017. http://www.ellenmacarthurfoundation.org/publications.

及英國天空新聞台的一位記者，取得了一台舊映像管電視。兩個人僱來一位技師把電視外殼打開，取出一個零件，使電視無法運作，然後在裝上外殼前，在裡面藏了一個衛星追蹤器。然後兩人把電視交到一個由政府經營的收集站，該收集站承諾會將這台電視在英國或其他已開發國家安全地回收。

　　然而，這並不是綠色和平組織與天空新聞台希望看到的事；實際上，他們希望最後會在開發中國家追蹤到這台電視，而且最好還是在數位垃圾場。[67] 憑著一點運氣，再加上一點遊說，他們的報導可能會導致把電視送到開發中國家的人被起訴。

　　這麼做能犯下什麼罪呢？

　　1970 與 1980 年代，新聞記者開始報導一個接一個的案例，揭露出已開發世界的公司與政府將有害的廢棄物傾銷到開發中國家，以節省廢物處理費用。隨後，環保組織與不少政府起草國內與國際法律及條約，限制與禁止這樣的貿易。這樣做是很好，但也帶來了問題，首先就是這些擁護者與相關法律將開發中國家與已開發國家隔絕開來。比如說在歐

---

67 約瑟夫·班森起訴的描述在很大程度上依賴羅賓·英格斯隆收集並與我分享的文件。關於該案的詳細描述和分析，詳見：Lepawsky, Josh. Reassembling Rubbish: Worlding Electronic Waste, 49–67. Cambridge: Massachusetts Institute of Technology Press, 2018.

洲，已開發國家被定義為屬於經濟合作暨發展組織的三十六國、歐洲執委會的二十八國，以及列支敦斯登。這幾個世界上最富裕的國家（除了日本、韓國與墨西，其他國家主要是由白人組成）把回收與再利用其廢物的權力保留給自己。

　　禁止富裕國家把有害的廢棄物出口到開發中國家，基本上是好事。一間瑞典發電廠所產生的有毒灰燼不應該被運到沒有相應處理技術的地方。但是要精確定義什麼是「廢棄物」時，問題就出現了。焚化爐的有毒灰燼顯然是廢棄物。但是缺了一個零件、正被運往奈及利亞的一台電視呢？在歐洲的指導準則下，螢幕、手機、微波爐等電子設備如果沒有通過檢測或無法正常運作，就會被認定是廢棄物（而且是有害廢棄物）；這完全沒考慮到在奈及利亞與迦納，故障的電視並不會馬上被視為廢棄物，反而是能夠修理或更換零件後販售給負擔不起全新品的人。奈及利亞（還有迦納）並未禁止進口這類廢棄設備，近年來甚至還對這些廢棄設備敞開大門。[68] 然而，非洲的願望沒人在乎，歐洲已經決定了，富人對自己用壞的東西的定義更為重要。

---

68 Puckett, Jim, Chris Brandt, and Hayley Palmer. Holes in the Circular Economy: WEEE Leakage from Europe, 32. Basel Action Network, 2019. https://wiki.ban.org/images/f/f4/Holes_in_the_Circular_Economy-_WEEE_Leakage_from_Europe.pdf.

　　綠色和平組織把藏了追蹤器的電視放在漢普郡後沒多久，奈及利亞商人約瑟夫・班森經營的 BJ 電子公司買下了這台電視（以及其他電子產品），並將它裝到貨櫃，準備運往奈及利亞。這台電視或其他電子產品在運送前都未經過測試，因此根據英國的法律，將它裝到貨船上就是違法的。或者用天空新聞台記者的話說：「將壞掉的電子產品從英國出口到某些地方，像是非洲，完全違法。」

　　綠色和平組織與天空新聞台一路追蹤班森的貨櫃到拉哥斯的阿拉巴電子市場，那裡是奈及利亞最大的二手電子市場（也許也是非洲最大的），有超過五千家的店鋪，而且據說每天有超過一百萬名訪客。阿拉巴的修理師享有盛名，是全非洲最有天分與最有經驗的修理師。他們不只修電視，還會從廢電視中取出零件來打造翻新品電視。如果電路板壞了，他們不會馬上把它丟掉，而是取出放大鏡、顯微鏡、電焊棒與零件箱，把電路板修好。根據後來班森在英國被起訴審判的文件，一位天空新聞台的記者來到阿拉巴尋找被追蹤的電視時，就觀察到這裡的人「在電子產品上進行相當精湛的電子工程作業」。

　　不幸的是，天空新聞台在其報導中沒有介紹這些技藝精湛的技師，更別說去詢問這些技師能否修理那台被動過手腳

的電視（只要有零件，答案一定是「能」）。這個報導反而展現出一位綠色和平組織員工付了 40 美元左右買下那台電視（大概是把電視變成廢金屬或廢塑料的價值的十倍），然後將它載去了垃圾場。

那個不知名的垃圾場看起來有一點像阿格博格布洛謝，只是少了報廢的汽車、卡車、公車、電視、電腦、其他電子產品，還有燃燒電線的冒煙火堆。但是畫面上能看到碎玻璃、些許的銅與電路板，以及很多很多的垃圾。光憑這個景象，天空新聞台就宣稱該垃圾場「很有可能」就是那台電視最終的目的地（但是被綠色和平組織與天空新聞台及時搶救回來了）。

儘管該報導欠缺嚴謹，這四分鐘的畫面仍然火速傳開。深怕引起民眾公憤的英國政府以「非法販運廢棄物」起訴了約瑟夫‧班森、他的幾名同事與 BJ 電子公司。2014 年，班森被判處十六個月有期徒刑以及 142,145 英鎊罰款。英國環保局稱該判決是對非法販運廢棄物的致命打擊，國際媒體爭相報導並繼續宣揚這是重要的里程碑。羅賓‧英格斯隆是為數不多的批評者，他在社群媒體上憤怒地批評該審判與裁決，並正確地指出班森的罪只是太草率地將廢棄物從富裕國家運到較不富裕的非洲國家。

　　但是沒有多少人在乎這一點，尤其是檢察官。

　　班森的訴訟主要是英國環保局的首席律師豪爾・麥肯在處理。判刑後沒多久，我聯絡麥肯，詢問他有沒有可能覺得班森的行為是在保護環境，有沒有可能班森的商品其實被人拿去重複使用，而且使用的時間比在英國可能使用的時間還要久？麥肯坦誠地回答：

　　表面上，有可能是拿去重複使用了。我們沒有任何證據顯示商品會被丟棄。我們不提及丟棄，儘管我們知道這狀況在非洲存在。在非洲與迦納有成堆的廢棄物，可以把電子廢棄物丟在那……是有可能，但是我們沒有證據顯示那些物品被修好並且被重複使用，或是其中有些被拆開取出零件重複使用。

　　沒有證據並不困擾麥肯。根據他的解釋，班森的意圖與那些電子產品的最終命運與該案件毫不相關，無論修理與再利用的做法有多環保。麥肯強調了好幾次，重要的是班森不接受英國與歐洲對「廢棄物」的定義。「那些物品離開這個國家時是廢棄物。」他解釋，「所以我們才會審判他。」如果你仔細想一想，強迫非洲二手商接受歐洲對「廢棄物」的

定義，否則就會被起訴（而且是在歐洲），根本就是某種殖民主義，廢棄物殖民主義。

　　給予公司、政府與個人道德上與法律上的理由，讓人們選擇把東西（無論是否為電子產品）丟掉，而不是讓沒那麼富裕的人再利用，對我們的自然環境有害無益。這也無法幫助人們清除家中的雜物，甚至還會成為短期與長期的誘因，促使人們購買便宜的新產品，特別是負擔不起品質保障的人。

　　那麼，該怎麼辦？有沒有法律上的解決辦法，能夠確保二手貨出口商，像是約瑟夫・班森、諾加萊斯的賣鞋男或善意企業，不會被視為不道德？有沒有條約或法律能夠保障非洲人繼續出口與維修富裕的歐洲人與美國人的東西？有沒有辦法說服新聞記者不再只專注於阿格博格布洛謝焚燒的電線堆，而開始造訪附近的維修店？在試圖回答這些問題前，我想先解釋我在本書中觸及的一個議題。一般說來，二手商品的全球貿易是在窮人與富人之間進行的。基於許多歷史因素，包括殖民主義的歷史遺產，收入（以及國家的發展狀態）常常與種族直接相關，因此二手商品的全球貿易也通常是在不同的種族間進行。無論我們是否承認這一點，討論某

些國家與人民是否可以進口或出口「廢棄物」，在核心上就是在討論某些種族是否應該可以取得物質商品，以及他們是否應該依照富裕、通常是白人國家所規定的方式使用與丟棄物質商品。

身為白人美國公民，我不願提出可能使我看起來像「白人救世主」的解決辦法。但是我也是財經記者，報導全球的回收與再利用產業已多年。在這一方面，我學到無知、種族主義與其他偏見是全球二手貿易與回收（通常稱為「循環經濟」）的發展上最難移除的障礙。我希望我的觀察與建議能夠在這樣的前提下得到共鳴。

法律上的解決辦法算是簡單的做法。第一步就是終結依經濟發展狀態而禁止國家之間進行二手貿易的法律與偏見。這做法在 1980 與 1990 年代可能更有意義，當時歐洲、日本與美國是世界上最大的二手物品（不僅是電子產品）生產國，而且已開發國家與開發中國家之間的收入差距也更大。但是到了 2019 年，中國是世界上最大的二手物品生產國，同時也是成長最快的二手物品出口國。「以前是十億人賣給三十億人，」羅賓・英格斯隆曾對我說，「現在是三十億人賣給三十億人。」

　　制定法律、規定與條約時若沒有考慮到這個轉變，不僅是跟不上時代的腳步，執行起來還會創造出兩個世界：在一個世界裡，歐洲與富裕的歐洲、美國、日本及幾個在二戰後經濟起飛的國家進行二手貿易；在另一個世界裡，一個更大的開發中世界彼此之間進行二手貿易。長期看來，這對開發中世界是很好，但是對其他所有人都不好。

　　批評我的人會說，不是只有已開發國家想限制二手貿易。沒錯，許多開發中國家也簽訂國際條約或制定法律限制二手貿易。比如說，2018 年，盧安達對進口的二手衣徵收關稅，關稅高到使民眾根本買不起二手衣。其目的是促進盧安達曾引以為豪的紡織工業，但這個企圖是否受到民眾支持，或者是否確實可行令人懷疑。在南非，類似的禁令只造福了低成本、低品質的中國服飾進口商，而且種種跡象顯示，盧安達正在經歷類似的狀況。與此同時，二手貨的走私偷運則猖獗於全國各地。

　　在禁止或限制進口二手商品後，二手貿易反而更興盛的國家不只盧安達。印度禁止進口二手衣，但是二手衣到處都找得到；奈及利亞限制進口二手商品，並予以徵稅，然而許多地方的消費經濟仍以二手商品為主。與此同時，許多開發中經濟體籠罩在貪汙腐敗的陰影下，限制二手商品進口只是

為製造商帶來福利，而非消費者。已開發世界在主張禁止出口二手商品到開發中國家時，最好能先想清楚自己站在哪一邊。白人救世主在歷史上往往最後誰都沒救到。

再來，國際媒體有義務停止醜化二手貿易，尤其是二手貿易中占大多數的移民與少數種族。相反地，國際媒體應該看清二手貿易是全球相當重要的產業，並開始在報導中呈現這個事實。從墨西哥到迦納再到印度，二手商品就是消費經濟。但是在這方面你恐怕找不到任何一則嚴謹的新聞報導。一個月內，有關 iPhone 在印度（價格超過大多數印度人年薪）的英語報導，就多過印度二手衣在價格、品質與數量上的劇烈變化所進行的報導，而印度有好幾億人需要二手衣。這是新聞編輯的怠忽職守，只迎合富裕安逸者口味的新聞工作，而非為好奇的讀者揭露事實。

更糟的是，新聞媒體沒有看見、辨別和理解這些缺乏適當的廢棄物管理系統的開發中國家所面臨的真實問題。比如說，在阿格博格布洛謝燃燒的廢棄物不是西方國家肆意傾銷廢物的結果。任何一個造訪過阿克拉人家中的記者都知道，這個人口兩百五十萬的城市擁有足夠多的東西，能夠讓阿格博格布洛謝的火堆燒上好幾年，根本不需要額外進口。阿格博格布洛謝真正的問題也是許多開發中國家所面臨的問題：

安全乾淨的廢棄物處理與回收極其昂貴，在某些窮困國家占去所有市政支出的一半。因此，全球約有三十億人無法使用任何適當的廢棄物處理系統。這個事實再加上全球物品氾濫，產生的結果就是像阿格博格布洛謝這樣的地方。

新聞媒體（以及環保人士）如果想要為面臨廢棄物處理問題的開發中國家做點什麼，就應該把焦點放在對現代廢棄物管理系統的需求上 [69]，而不是重複地在報導中將移民與少數種族不公正地醜化為罪犯。[70] 這麼做對大家都有幫助。

最後，已開發世界的消費者與捐贈者需要拋棄其「廢棄物地方主義」。在南亞利桑那州的善意企業，員工常常聽到捐贈者說，他們想讓自己的東西「在我們的社區裡被重複使用」。這是個很不錯也很合理的目標，世界上任何地方的所有公民都應當照顧鄰居；但是你的鄰居在品味上往往與你相近，而且更重要的，在收入與年紀方面大概也與你差不多。

如果是這種情況，但你仍然想捐贈自己的東西，那麼你需要接受這個事實：你的舊東西（以及這樣東西所代表的身

---

69 某些組織和個人正努力將現代廢棄物管理引入開發中國家。其中最好的是英國非政府組織 WasteAid，該組織致力於將廢棄物管理資金增加到國際援助支出的 3%。它還幫助社區獲得廢棄物管理系統。

70 Burrell, Jenna. "What Environmentalists Get Wrong About e-Waste in Africa." Berkeley Blog, September 1, 2016.

分認同）最後可能會落入與你非常不同的人手中。事實上，
這個人可能不會把你的捐贈視為慈善：他可能會花錢買你的
東西，可能還會認為它是富人用便宜的價格拋售完好無損的
東西；當東西徹底壞掉時，他可能會覺得最好的做法就是把
它賣給拉推車的人。如果這個可能性令你渾身不舒服，那可
能就是去租間更大的儲存倉庫的時候了。

　　晚冬時節，我來到好主意回收公司位於米德柏瑞的倉
庫，沃布・歐德伊・穆罕默德已經到了，他正在測試成堆的
筆記型電腦，準備用行李箱帶回迦納。倉庫裡開著暖氣，但
是因為空間寬敞，裡面仍然很冷，沃布緊緊裹在一件橘色的
羽絨外套裡，在迦納他根本沒機會穿這外套。

　　沃布對寒冷並不陌生。他在 2001 年從高中畢業後，曾
經受人贊助住在鱈魚角，然後搬去紐澤西州，接著又搬去佛
蒙特州。他本來是社會工作者，有一份穩定的工作，但是有
天下午，一個專門修理二手電腦的朋友帶他一起去自己最喜
愛的地方買電腦：好主意回收公司。這趟行程使沃布受到了
啟發；多年來，他在迦納的親友總說想進口二手電子產品到
迦納賣，而這間倉庫就是機會。

　　「我們現在就打電話給史帝夫吧。」沃布說完，馬上

就用 WhatsApp 打給史帝夫・艾迪森。迦納此刻是晚上十點，在這條陰暗的街道上，有張模糊的臉出現在沃布的三星 Galaxy Note 7 的螢幕上。「史帝夫！」他喊。「你看羅賓的倉庫裡有什麼好東西！」他把手機轉向幾百台筆記型電腦與螢幕，它們在佛蒙特州沒有多少價值，只能當成廢鐵，或者最多當成零件。但是在迦納，它們可值錢了。沃布拿起一台使用了五年的戴爾電腦，這台電腦史帝夫可以用比沃布的買價高出更多的價格賣出去。「史帝夫！一台戴爾電腦。」

史帝夫露出微笑，然後說：「很好。」

沃布又拿起一台破舊的筆記型電腦。「史帝夫！一台富士通。」

「也很好。」

沃布掛斷電話，拿起一台四四方方的舊三星筆記型電腦，指向螢幕上一道刮痕。「B 級。」他說。「我們在迦納用指甲跟一點消毒酒精就可以修好，看起來就跟新的一樣。」

「你可以賺多少？」

他告訴我可以得到的利潤（我同意不透露），我馬上就明白為什麼二手電腦能夠支撐起往返迦納與佛蒙特州的生活。但是沃布購買的量遠遠超過行李箱能承載的量。明天，他會去好主意回收公司位於麻薩諸塞州布羅克頓的新倉庫，

那裡有足夠多的電腦與螢幕可以裝滿一個運往特馬的貨櫃。

今天要買的則是小數量。沃布把那台三星電腦裝進一個行李箱，行李箱裡面已經有十台在美國幾乎毫無價值的電腦，還有成堆的髒衣服用來避免電腦互相碰撞。「達美航空的規定是超過兩件行李後，每多一件就要繳 100 美元。」他解釋。「我已經有八件行李了。」他望向一堆尚待評估的電腦。「我需要更多行李箱。想跟我去 T.J. Maxx 百貨嗎？」

沃布借來羅賓那台本田汽車的鑰匙，接著坐進駕駛座。「在迦納有人問過我：『你每年坐飛機花多少錢？』我說：『大概 15,000 美元吧。』然後他們就說：『哇，這比我一年賺的錢還要多耶。你真的有賺錢嗎？』」沃布一邊嫻熟地開在市區裡，一邊忿忿不平地說：「我當然有賺錢啦！我會白白不收錢做這一行嗎？」他對著車外的冰天雪地點點頭。「所以我每次看到有關迦納丟棄電子廢棄物的報導就很火大。人們以為羅賓付我錢是讓我把他的電腦拿去迦納丟掉嗎？」

羅賓與沃布就沃布想購買並運到迦納的產品談價錢時，我也在同一個房間，他們是很好的朋友，但是看到他們展開激烈討論的樣子，你肯定不會相信這一點。所以，我不認為羅賓付錢是讓沃布把他的電腦拿去迦納丟掉。

好主意回收公司位於佛蒙特州米德柏瑞的倉庫，沃布・穆罕默德與羅賓・英格斯隆在討論沃布準備運回迦納的電腦零件。

沃布繼續說：「我不懂的是，如果我買了某樣東西，這東西就是我的財產了，為什麼我不能把它修好，然後賣掉？」

「想禁止出口二手商品的人說二手商品用不久，而且最後會變成有害的廢棄物。」我謹慎地解釋。「他們擔心東西最後會被丟到垃圾場裡燒掉。」

「如果是那樣，任何人也不應該在迦納販售新的東西！」沃布說。「中國製的新產品也都用不久，那他們也應該禁止這類商品。然後迦納就什麼東西都沒有了。這就是他們想要看見的嗎？」他把車駛進一條商店街，街道盡頭有一

間 T.J. Maxx 百貨，並且轉換了話題。「我買了這麼多行李箱，行李箱全都堆在塔馬利的家裡。總是有人問我可不可以跟我買。看來我需要開一間店了。」他停頓下來，想了想，然後笑起來。「也許我真的會開一間店。」

後記

　　在為本書進行研究時，我遇到的最大危險就是誘惑。在橫濱的 Bookoff，我差點為兒子買下滿懷的二手湯瑪士小火車；在明尼蘇達州的空巢清理公司，我差點就買下幼時玩過的桌遊「週一晚上的橄欖球賽」；在迦納的塔馬利，我在街上的二手衣攤子上看到一件經典的 J·吉爾斯樂隊 T 恤；在馬來西亞八打靈再也的阿瑪廣場上，我詢問一座裝飾藝術風格矮衣櫃的價錢；在高圓寺一間二手商店（我忘了把店名寫下來），一個狀況極佳的經典 Coleman 帳篷令我心動不已；在聯盟洗衣系統公司，我一度考慮傳訊息給我太太，說我們該買台新洗衣機了。

　　大多數時候，我都能抵擋住誘惑。大多數時候。在土桑市艾文頓街上的善意企業暢貨中心，我買了一個「憤怒鳥」桌遊與一條燈芯絨褲，都是買給我兒子的。在聖保羅大學大道上的善意企業零售店，我買了一個「滑梯與梯子」的桌遊，也是買給我兒子的。然後還有我在斯蒂沃爾特的中城古董商場購買的西北東方航空經典單肩包（我曾在第四章描

述），後來送給我的表弟布魯斯了。我也忘不了在新加坡雙溪路跳蚤市場上購買的幾個蔬菜形狀的瓷製冰箱磁鐵。與此同時，我的妻子（在為本書進行研究期間陪伴了我部分的旅程）也買了東西。據她說是「幾本」買給她自己的書、幾個買給我們兒子的玩具、一件 REI 的上衣，還有一件 3.99 美元的 Lululemon 背心（超級便宜），幾乎全都是我們在土桑市租的房子同一條街上的善意企業零售店買的。我們一點都不後悔買下這些東西。它們全都是好東西。除了兩個特別的東西，我一點都不後悔沒有買下其他的東西。

週六下午，南霍頓街與東格林街上的善意企業捐贈中心幾乎被大量的物品堵住了。我站在裡面，慶幸能待在有空調的室內，看著從容不迫的米雪兒・楊瑟幾乎是以 NBA 球星的矯健身手在成堆的物品之間前進。她懷裡抱著一疊書與一疊雜誌。「我們最近這兩個月收到很多書。」她告訴我。「數位時代，你知道的，大家都有手機。」她把書跟雜誌丟進一個標示為「裸書」的洗衣機紙箱。

裸書？我望進紙箱，以為會看到一堆言情小說混亂地堆疊在一起，但是裡面其實是一個 2 英尺深的靜止漩渦，有著色簿、食譜、食譜活頁夾、幾本愛情小說（我一眼就看到

《遺落世代：世界末日邊緣》，覺得真是再恰當不過了），以及幾十本零落的時尚雜誌。這個景象很令人沮喪，但我不是沒見過這樣的景象。Bookoff 在橫濱的倉庫裡，每天都有幾十個像這樣的箱子等著送去回收廠。

健壯結實的麥可・梅勒斯與一位員工開始把家具推進倉庫。他們什麼都不用說，我就知道自己擋住他們的路了，於是我退到已經標好價、準備推到銷售區域的家具旁，最後停在一個長桌子前。長桌子上擺滿了灰色的塑膠箱，每一個都貼著一個標價：0.99 美元、1.99 美元、2.99 美元。桌子旁邊有好幾輛裝著「商品」的推車，只要不是電子產品、衣服、影音設備或家具的二手商品，都會被歸到這一類。通常這裡會有員工把推車裡的東西分類與定價，然後放進塑膠箱，但是在這個週六巔峰時刻，大家都在捐贈中心幫忙。

我靠向 2.99 美元的塑膠箱。裡面有一套用橡皮筋綁起來的藍色盤子、一面整齊摺好的德州州旗，還有一套六支裝的原裝牛排刀。2.99 美元塑膠箱旁是 0.99 美元的塑膠箱，裡面東西更多。其中有一個碗盤架、一個木製摺疊尺、一個特百惠收納盒、一個玻璃花瓶，在最遠的角落還有兩隻小瓷貓，差不多跟手一樣大，一隻是黑貓，一隻是白貓。

我猶豫了一下，感到喉嚨有些哽咽。「薩沙與朱利

安。」我心想，回憶起我母親生前心愛的兩隻小貓。兩隻小
貓比我母親先走了幾年。這兩隻小瓷貓，就是這兩隻小瓷
貓，以前就坐在我母親位於明尼蘇達州家中客廳的邊桌上，
令人想起曾懶洋洋地躺在地板上的兩隻真貓。

　　我把手伸進塑膠箱，拿起兩隻瓷貓，在手中翻轉。我不
知道我母親的瓷貓最後去哪了。有可能在她幾次搬家的過程
中遺失了，或是落入某個親戚的地下室了。也有可能它們最
後送給了善意企業或救世軍。但是也不重要了。我知道這兩
隻在離她住所 1,600 英里外找到的瓷貓不是她的。雖然現在
是二手貿易全球化的時代，但是最後落入善意企業 0.99 美元
塑膠箱的瓷貓不可能來自太遠的地方。

　　我把它們從塑膠箱拿出來，放到桌子上。我相信店經理
凱西會同意我在他們把塑膠箱放到商品架前把它們買下來。
但是最後我把兩隻瓷貓放了回去。

　　還是讓別人去擁有它們吧，像我母親那樣的人。如果沒
有人買，兩隻瓷貓最後被埋到沙漠裡的垃圾掩埋場，我仍然
可以安慰自己說，在它們落入善意企業的塑膠箱前，某個人
在某個地方曾經擁有過它們。

　　我開始寫這本書時，是想了解我把母親的東西捐掉後，
這些東西最後去哪了。我想自己多多少少已經找到答案了。

我只希望當初在兩隻瓷貓悄悄地消失前，我曾用手機把它們拍下來。然而，現在回想起來，在前往土桑、東京與其他地方前，我老早就知道答案了。每個消費者心中多多少少都有答案。遲早有一天，我們都會知道：它們只不過是物品，而物品不會永遠存在。

對有伴侶或配偶的作家來說，寫一本書常常變成全家人一起參與的活動。我的妻子克莉絲汀總是第一個聽到我去造訪清屋業者、服飾市場、捐贈中心的經歷，還有 Bookoff 在橫濱的倉庫如何每天分類好幾公噸的二手書。這些經驗為我們兩人都帶來了不小的衝擊。我從來就不怎麼愛買東西，現在我更少買東西了。

克莉絲汀聽我描述這些經歷後，常常更落實到私人生活。開始寫這本書沒多久的一天傍晚，我注意到她在檢視從兒時就開始小心收藏的私人藏書。她常常這樣拿起一本書，翻閱其中最喜愛的片段。但是這天，她翻書的動作有些慌亂。她不是在閱讀，而是在尋找受損的地方。我們住在吉隆坡市郊，熱帶的炎熱與潮濕使書本發霉、出現斑點、頁面相黏、發黃變棕。於是在接下來的幾天、幾週與幾個月，克莉絲汀做了一件出乎意料的事。她決定把自己的藏書送出去。

與其讓書在書架上壞掉或爛掉，只為了偶爾被翻閱一次，她決定不如讓別人來擁有這些書。

剛開始她嘗試把書捐給慈善商店。但是慈善商店已經有太多書了，所以沒有接受。於是她設法找到當地的書籍交換與愛書人士，然後她書櫃上的書開始慢慢移出。與此同時，克莉絲汀還發現了一個商機：有些人非常想要她的書，甚至還願意出錢買。於是她開始賣書。開始賣書後，她發現書本消失的速度還比送出時更快。

很快地，有人開始詢問克莉絲汀沒有的書，於是她開始買進二手書，再轉賣給需要的人。換句話說，她誤打誤撞地展開了自己的二手書生意。現在，她會去跳蚤市場、二手商店、網路及各種地方尋找會吸引馬來西亞新興讀者群的書籍。

金錢是一種收穫。另外一種收穫則是一個充滿更多書、充滿更多愛書友人的生活。馬來西亞擁有一個廣大的讀者團體（在我撰寫這段文字時，吉隆坡愛書俱樂部擁有八千四百二十二個會員），其中有許多人都在克莉絲汀的社交圈子裡。她隨時隨地都在手機上處理跟書有關的訊息。

一天傍晚，在我快完成這本書的初稿時，一個大學生傳簡訊給克莉絲汀，詢問佐佐木典士的《我決定簡單的生

活》。這是一本國際暢銷書,作者自稱只是個「普通人」,但是覺得自己生活裡太多東西了,因此決定成為極簡主義者。他把生活裡的東西簡化到最基本的需求:一張床、一張桌子、幾套換洗的衣服、一台筆記型電腦,還有幾樣其他的東西。如果他覺得需要取得新的東西時,這個東西需要符合以下的極簡標準:

1. 該物品在形狀上極其簡單,而且容易清潔;

2. 顏色不會太鮮豔;

3. 可以使用很久;

4. 構造簡單;

5. 輕便小巧;

6. 有多種用途。

在書中,可以看到佐佐木的家就像個熱愛科技的僧侶的房間(鄭重聲明:我參觀過僧侶的房間,在日本與美國都參觀過)。

我猜想購買這本書的百萬讀者中,大多數欽佩他的程度大過仿效他的程度。

「我需要清除雜物,」愛書的大學生朋友的訊息寫道,

「但是我不知道怎麼開始。」[71]

　　克莉絲汀喜歡賣書，也擅長賣書，但是那個傍晚是例外。「我覺得那類書不是特別有用，」她回覆，「我自己的方式是，想像自己死後所有的東西都會被扔掉。」大學生回覆了一個愛心符號。克莉絲汀繼續寫道，「很悲傷吧？所以還不如現在就放手，尤其是如果我還可以見到接手這些東西的人，知道東西會被繼續愛惜與使用。」

　　我把克莉絲汀的做法稱為「死前預先清除雜物」，而我覺得這也許還可以寫成一本簡短的「死前建議」暢銷書。這想法當然也不是只有克莉絲汀有。我在美國與日本所認識的許多清屋專家也懷抱類似的態度（本書曾提到一些）。多年來清理別人家中的雜物使他們產生強烈的願望，不想讓自己的親友（以及親友可能會僱用的清屋專家）經歷同樣的物質詛咒。如果有讀者閱讀本書是希望能得到某種建議，在真實世界確實可行的建議，「死前預先清除雜物」是我能給予最好的建議。

　　順帶一提，克莉絲汀還保留著她的《我決定簡單的生活》，並收在一個塑膠箱裡，避免被潮氣與昆蟲侵襲。「因

---

71 我得澄清一點，我不會去查看我太太手機上的訊息。我會得知這段對話，是因為克莉絲汀當時正好提起。稍後，我請求看這段對話，並徵求同意引用。

為我們是囤積狂啊。」我問起時她告訴我。「不過我主要是為了你才保留這本書。」

　　於是，克莉絲汀的大學生朋友買了一本新的。

致謝

　　這本書以只有我的愛妻克莉絲汀‧譚與我能見到的方式記錄了一場始於四年前的對話。我的祖母會說我與克莉絲汀相識是找到了「至寶」，這麼說一點都沒錯。隨著本書生活與成長的這幾年，我感謝克莉絲汀給予我的建議、耐心與支持。

　　感謝我的經紀人溫蒂‧雪曼，謝謝你的熱忱與信心，使一切成為可能。

　　感謝美國布魯姆斯伯里出版社的安東‧米勒。他擁抱本書背後的想法，並信任我去追隨這個想法，最後到達意想不到的地方與結論。感謝莎拉‧麥庫里歐擴大了本書的讀者群，達到我從來無法想像的境地。

　　感謝《彭博觀點》的大衛‧施普立與強納森‧蘭德曼從初始階段就支持本書。也謝謝尼斯德‧哈扎里與提摩西‧拉文。我許多對於二手商品的點子都是在他們編輯的專欄中發展出來的，與他們兩人一起共事，使我成為更好的作家。

　　《彭博商業周刊》的喬爾‧韋伯支持我報導日本的清屋

產業，吉利安·古德曼則將之編輯得無比精彩。

我對全球二手市場的興趣始於 2015 年為《廢品雜誌》前往肯亞與迦納進行報導時。謝謝肯特·基色與瑞秋·普拉克當初派我前去，以及多年來的友誼與指引。

容許記者在其作業地點自由參觀的公司與機構展現出無比的信賴。為本書進行研究期間，沒有機構比南亞歷桑納州的善意企業展現出更多的信賴了。在此特別感謝朱蒂絲·布卡薩安排一切。也感謝眾多善意企業的員工與我分享他們的時間與知識：麗莎·艾倫、瑪莉·布萊梅曼、安泥莎·布朗、塔拉·卡莫帝、凱文·坎寧安、布萊妮·卓克、傑森·弗洛斯、克里斯·弗斯特、勞瑞·葛立、莉茲·葛立、米雪兒·楊瑟、法蘭克·卡凡、菲亞·麥可瑞、艾柏·麥迪納、藍斯·米克斯、麥可·梅勒斯、凱琳·派克、露皮塔·拉莫斯、朱莉·桑奇斯、艾瑞克·施密特、麥琳達·史博林、麥肯琦·威廉斯。特別感謝凱西·查克在她的店裡招待我，使本書的內容如此精彩有趣。

最後，感謝土桑市艾文頓街與諾加萊斯葛蘭德大道兩間善意企業暢貨中心裡的國際二手商對我展現出的耐心與信任。

我的朋友「賣鞋男」，謝謝你開車帶我看你怎麼買東

西，並分享你的智慧。

空巢清理公司的莎融‧費雪曼為本書帶來的啟示，遠遠超過她與公司在書中出現的部分。雪倫‧凱德耐心大方地教導我清屋的藝術、運作與哲學。空巢清理公司額外的啟發與資訊來自於克里絲堤‧杜佛特、艾莉‧恩茲、崔西‧路克與艾咪‧瑞明頓。最後，感謝柯德威爾班克不動產經紀商的尼爾‧賽蒙森與萊絲莉‧諾維奇的熱誠招待與智慧。

我特別感謝丹尼絲‧狄克森以及明尼蘇達州與日本多位不願透露姓名的人士，讓我見證你們最私人的家族活動，也就是清掉家人的財物。

和緩過渡公司的黛安‧柏克曼讓我認識到美國搬家管理產業的規模與專業，以及在搬家過程中如此不可或缺的分類員。感謝下列和緩過渡公司工作人員與我分享他們的智慧與故事：美莉莎‧杜爾、吉兒‧弗里曼、巴伯‧宏奎斯特與譚美‧威爾克斯。

在日本，趙東弼為我翻譯語言與文化，《再利用商務報》的編輯濱田里奈與我分享她在日本二手產業的淵博知識與網絡。謝謝你們兩位。也謝謝龐托斯‧奈林在鎌倉提供的協助。

尾聲計畫公司的韓靜子帶我進入日本的住家，讓我認

識日本清屋產業所進行的重要工作。她還讓我認識村岡的村岡哲明。日本清屋專家協會的金野秀人提供了重要的產業歷史、見解與介紹。

某天傍晚，我的朋友伊凡・穆罕默德告訴我日本二手貨在馬來西亞的歷史，讓我找到 Bookoff。謝謝小湊高春的努力，Bookoff 敞開大門歡迎我。特別感謝以下 Bookoff 員工：橋本真由美、井上徹與丹和健一；Bookoff 紐約分店的森尚登與山越春美；Jalan Jalan Japan 的小野浩司。

最後感謝 Bookoff 的創辦人，現為 Oreno 法義餐廳創辦人的坂本孝分享他對事業生涯的觀點。

迪克・瑞科特協調與豐富了我對中城古董商場的報導。感謝他、茱莉・克蘭茲與下列中城商家：茱蒂・格柏、琳達・漢伯格、喬爾・海菱、崔維・凱特瑞克與戴爾・肯尼。

馬來西亞八打靈再也的阿瑪廣場週末跳蚤市場是二手市場知識與商品的豐富來源。特別感謝阿薩里娜・查克利亞。

BooksActually 是一間很棒的書店，非常推薦去參觀。感謝擁有人陸文良與我分享他對新加坡古董與文化的知識。此外特別感謝新加坡的趙彩菱。

感謝 OfferUp 的尼克・胡薩讓我深入了解對等電子商務不斷演進的世界。

　　浜屋集團的小林茂為我揭示日本二手貨國際貿易的規模。感謝他與大隈由紀為我安排造訪的機會與進行翻譯。

　　為此書進行研究期間，最愉快的參觀經驗之一就是造訪Daidai。小島澪不只是店長，在我眼中更是駐店藝術家與博物館館長。感謝她的時間、智慧與藝術。

　　舊衣外銷公司的穆罕默德・費薩爾・莫勒迪納讓我認識密西沙加的二手紡織產業。感謝他與他的父親阿卜杜勒・馬吉德・莫勒迪納。此外也特別感謝瑪普紡織廠，以及五星舊衣廠的阿希夫・達瓦尼與薩林・卡瑪利。

　　在柯多努，感謝麥可・歐波納為我進行翻譯、導引與協調。也非常感謝我們造訪過、但要求保持匿名的貿易商、貿易公司與分類公司。

　　在為本書進行研究期間，沒有人比星級抹布公司的陶德・威爾森對二手貨展現出更大的熱情了。謝謝你的款待與榜樣。也特別謝謝安密蒂・邦茲與眾同事。

　　感謝克施柯集團的諾哈・奈特讓我認識印度的再生羊毛產業，並邀請我陪同他前往帕尼帕特。也謝謝拉梅什編織場的拉梅什・戈亞與普內特・戈亞，以及金達紡織廠的蘇米特・金達。

　　我對兒童安全座椅規範的了解要感謝許多人。他們要求

保持匿名，但是他們知道我在指誰。感謝美國公路交通安全管理局、瑞典交通部的瑪莉亞・克弗特，以及瑞典保險公司 Folksam 的安德斯・克格蘭教授。

Poshmark 在 2017 年的 Poshfest 研討會款待我，並熱忱邀請我參觀他們的總部。感謝瑟拉・邁可安排一切，以及曼尼許・錢卓與約翰・麥唐諾帶領我深入認識二手對等貿易不斷演進的世界。許多 Poshmark 的賣家與我分享他們的智慧，包括克里絲汀・巴克曼、艾絲特拉・葛萊戈斯、賈德・邁爾斯、凱特・雷以及普里希拉・羅密洛。

感謝 Patagonia 的菲爾・格雷夫斯同意我為解說該公司的「舊衣新穿」計畫。

我之所以會造訪聯盟洗衣系統公司，是受到我的阿姨珍・席曼與她的新皇后洗衣機的啟發。感謝珍與聯盟洗衣系統大家庭的以下成員：湯姆・弗德瑞克、傑・麥唐諾、蘇珊・米勒、藍迪・拉德克與麥可・薛波。

沃布・歐德伊・穆罕默德讓我認識迦納，以及勇猛無畏、為家鄉地區供應二手貨的西非企業家。感謝他的耐心、見解與友誼。

感謝迦納科技部門的代表，讓我深入了解西非的修理與再利用產業，就從阿克拉布基電腦的史帝夫・艾迪森與塔馬

利陳迪巴企業的卡邁勒‧陳迪巴開始。下列諸位還給予我額外的指導：卡馬汀‧阿卜杜拉薩蘭、艾伯拉姆‧阿爾哈桑、克萊門特‧艾特尼歐、札克利亞‧卡林、阿卜杜‧傑雷‧穆薩、烏魯‧歐加、艾吳杜‧潘、依施瑪‧拉曼與艾維斯‧約森。在阿格博格布洛謝，感謝艾瓦‧穆罕默德、雷札克‧穆罕默德與耶洛‧穆罕默德的款待。最後謝謝蘇雷曼‧亞烏拉，讓我見識到南布朗克斯區的車禍汽車外銷貿易。

十年來，羅賓‧英格斯隆一直與我分享他對二手貿易的觀感。他還三次邀請我陪同他前往迦納洽商，並（與妻子艾爾梅‧克魯茲爾教授）在米德柏瑞款待我，讓我探聽好主意回收公司。感謝他的友誼、信任與引導。此外，也特別感謝「好主意回收公司」以下員工：伊利亞斯‧清齊拉、丹‧艾莫森、安迪‧亨特利、吉米‧薩比隆與吉姆‧泰格。

凱爾‧溫斯與珍‧溫斯在他們的家中與愛維修公司款待我。謝謝他們兩位、路克‧薩爾斯與下列幾位愛維修公司的員工：凱克‧克烈普、莎曼沙‧萊恩哈特、布蘭妮‧麥可雷格勒與凱西亞‧韋伯。

戴爾公司的史考特‧歐康納爾是最初幾個聽到我要寫這本書的人之一，然後他很快就邀請我去參觀由「聯邦快遞供應鏈」所營運的戴爾翻修中心。謝謝他與安卓亞‧法爾金，

以及「聯邦快遞供應鏈」的約翰・柯曼與西恩・譚普林。

感謝 Allen Edmonds 皮鞋的湯姆・貝克、柯林・赫爾與約瑟夫・蘇克朵司基；美國化學委員會的珍妮佛・柯林爾；Bank 的三本裕介；循環經濟儲存倉庫的漢斯・艾瑞克・梅林；蚯蚓回收公司的傑夫・柯尹與傑克・霍金斯；EcoRing 的二上武、合田凱羅、桑田和也、溝部康幸與月村龍也；Golden Power 的蘇別・阿姆德與薩丹、阿里；Happy Price Group 的小林宏昌；Hewlett-Packard 的約翰・阿塔拉、艾倫・亞克司基與賈德・麥克諾頓；LetGo 的艾列克・奧森福；NARTS 再賣出專家協會的艾戴・邁爾；二手材料與回收紡織品協會的潔姬・金；Shopjimmy.com 的吉米・瓦司佳與 MN Home Outlet；聰明金屬回收公司的湯姆・艾利森、艾榮・卡魯圖與我的摯友雪莉・李。

在為本書進行研究與撰稿期間，下列學術人士就二手商品的過去、現在與未來所進行的學術研究深深啟發了我：葛蕾絲・艾克斯、珍娜・布雷爾、陳立文、喬舒・葛德斯登、喬舒・雷帕斯基・戴格納・萊姆斯、伊凡・舒茲、英子・丸子・施奈華、蘇珊・史特拉斯與卡爾・金凌。

深深感謝對完成此書來說不可或缺的家人：約翰・譚與米雪兒・古、布魯斯與喬安・格魯恩、艾咪・明特與麥可・

巴瑞克、麥克・明特、瑞塔・桑德斯特倫、艾德華與珍・齊曼。

　　最後謝謝我的兒子賽繆爾。他三歲半的時候，我問他這本書在寫什麼，他只說：「啦──啦──啦。我們來玩小汽車吧。」這是個好主意。

高寶書版集團
gobooks.com.tw

BK 072

二手經濟：走訪全球舊貨市場，探索二手產業不為人知的新面孔
Secondhand: Travels in the New Global Garage Sale

作　　者	亞當・明特（Adam Minter）
譯　　者	羅慕謙
責任編輯	林子鈺
封面設計	林政嘉
內頁排版	賴姵均
企　　劃	鍾惠鈞

發 行 人	朱凱蕾
出　　版	英屬維京群島商高寶國際有限公司台灣分公司
	Global Group Holdings, Ltd.
地　　址	台北市內湖區洲子街 88 號 3 樓
網　　址	gobooks.com.tw
電　　話	（02）27992788
電　　郵	readers@gobooks.com.tw（讀者服務部）
傳　　真	出版部（02）27990909　行銷部（02）27993088
郵政劃撥	19394552
戶　　名	英屬維京群島商高寶國際有限公司台灣分公司
發　　行	英屬維京群島商高寶國際有限公司台灣分公司
法律顧問	永然聯合法律事務所
初版日期	2024 年 4 月

Copyright ©2023 by Adam Minter
This edition arranged with Wendy Sherman Associates, Inc.
arranged with Andrew Nurnberg Associates International Limited

---

國家圖書館出版品預行編目（CIP）資料

二手經濟：走訪全球舊貨市場，探索二手產業不為人知的
新面孔 / 亞當．明特 (Adam Minter) 著；羅慕謙譯 .-- 初
版 .-- 臺北市：英屬維京群島商高寶國際有限公司臺灣分
公司 , 2024.04
　　面；　　公分 .--
譯自：Secondhand : travels in the new global
garage sale.

ISBN 978-986-506-961-2（平裝）

1.CST: 明特 (Minter, Adam, 1970-)　2.CST: 廢棄物利用
3.CST: 消費行為　4.CST: 商業經濟　5.CST: 報導文學

445.97　　　　　　　　　　　　　　　113004052